法国国家科学研究院 (CNRS) 权威专家 撰写

第二届
中国自然好书入围图书

法国国家自然历史博物馆
美国自然历史博物馆
英国自然历史博物馆
素材提供

中国古生物学者、著名科普作家
邢立达 审订推荐

101 MERVEILLES
DE L'ÉVOLUTION
qu'il faut avoir vues dans sa vie

让-弗朗索瓦·布翁克里斯蒂亚尼，法国勃艮第大学讲师，地质学专家。他在勃艮第大学和法国国家科学研究院（CNRS）合作建设的生物地质学实验室，从事冰川环境与气候变化研究。因其研究的内容和领域的特殊性，使他能够到世界各地考察，足迹遍布全世界。他经常应媒体之邀分享自己的工作经验，还主持了一档广播节目。他对摄影和科学知识的传播尤为热情，曾在杂志上发表过多篇科普知识性文章。

帕斯卡尔·耐吉，法国勃艮第大学教授，古生物学家。他在勃艮第大学和法国国家科学研究院（CNRS）合作建设的生物地质学实验室，从事大规模生物演化研究。他的研究内容主要集中在头足类动物，包括头足类动物化石和现存头足类动物。2016年起，担任勃艮第大学副校长，分管科研工作。此外，他还是《增加生物多样性的事件》一书的作者。

致谢

首先，我们要感谢很多帮助和鼓励过我们的同事。通过与他们的交流和讨论，我们才得以挑选出101个演化奇迹。同时，他们凭借自己掌握的科学知识，为我们的选词、用词把关，使本书中的文字表达更加清晰明确。

我们还要感谢在法国国家自然历史博物馆工作的波努瓦·封丹，感谢他深入细致地审阅此书，并提出宝贵的意见；感谢格雷古瓦·鲁瓦的建议；感谢总编辑安娜·布尔基农对此书出版的重大意义的理解，并感谢她在101个物种挑选过程中所花费的时间和做出的贡献。

最后，我们要感谢伊洛蒂和艾德琳，感谢她们在写作过程中给予的支持，以及她们对这项极具魅力的工作的理解。

101 MERVEILLES DE L'ÉVOLUTION

生命之美

101 个动植物的演化奇迹

一部看得见的生命演化简史

[法] 让-弗朗索瓦·布翁克里斯蒂亚尼—著

[法] 帕斯卡尔·耐吉—著

陈明浩—译　　　邢立达—审订

北京联合出版公司
Beijing United Publishing Co.,Ltd.

目录

引言

演化奇迹

生命遍布世界的每一个角落。在陆地上，从崇山峻岭到戈壁沙漠；在大洋中，从滨海到深渊，任何地方都在上演着生命的奇迹。2000 多年来，尤其是在亚里士多德（公元前 384 －公元前 332）的推动下，生物学家们走遍了世界各地，踏遍千山万水，发掘多种多样的生命物种，然后去记录它们，分析它们，从而更好地了解它们，深入探索世界上生命的多样性。在生物学研究过程中，对采集到的物种数据进行统一和分类是十分关键的。瑞典生物学家卡尔·冯·林奈（1707 －1778）建立了我们至今都还沿用的物种命名法，即双名命名法。自他以后，科学家们决定对所有发现的物种，无论是现存物种还是化石物种，均采用双名命名法的规则：属名＋种加词。这样一来，所有的物种均被纳入一套分类阶层体系（科、目、支）中。1758 年，随着卡尔·冯·林奈第二部著作《自然系统》的出版，这套分类体系得到全面推广。自此，物种有了学名，比如 1758 年，卡尔·冯·林奈将人们口中的一角鲸（见 57 * / 一角鲸）命名为 Monodon Monoceros（一角鲸的学名）。

＊全书中出现的数字序号对应的是物种的身份证编号。

在我们所生存的星球，生物的多样性几乎无处不在。

那么，到底什么是物种？

现如今，我们认为物种是一个自然群体，这个群体中的个体可以相互交配，繁衍后代，并且后代也能够继续繁衍下去。一个自然群体与其他群体在生殖上是相互隔离的。动物学家恩斯特·迈尔（1904－2005）对这一概念的形成做出了巨大的贡献，他曾在新几内亚对鸟类进行实地考察。但对于物种的概念和定义，种种争论依旧存在。比如分布于喜马拉雅山地区，被称为暗绿柳莺的一种鸟类。暗绿柳莺在环喜马拉雅山地带分两路演化，但两路演化末端的亚种却无法进行杂交繁衍！而类似的例证不胜枚举。那物种的边界到底在哪里呢？发生在有些微生物之间的基因水平转移（见 83/ 绿叶海蜗牛），与上文中提到的物种定义背道而驰。由此可见，生命是极其复杂的。在实际操作过程中，科学家们通常是根据杂交繁衍的结果，来断定不同的物种。每个物种个体

一个物种内个体差异很小的表型变异的例子。

的表型，即外观特征，在变化过程中都具有一定的关联性和延续性。比如川金丝猴（见 87/ 川金丝猴），虽然每一只都有些许不同，但它们外观的总体变化是有关联的，比如耳朵的形状。这种方法同样适用于化石物种，只不过化石物种在长期的石化作用过程中，已经失去了一定的形态结构特征和解剖特征，相关研究工作更加复杂。

如何重新构建物种的亲缘关系？

　　林奈的分类系统非常实用，但同时它也导致了一些与物种自然史相悖的类群分类，比如恐龙。恐龙和一系列生物都有一个共同的祖先。目前，我们还没有足够的科学依据来证明它们共同的祖先是谁，但是我们却能知道与它们非常接近的物种。无论如何，这个祖先是存在的，而且它也是目前大家非常熟悉的一个物种的祖先，就是鸟类。鸟类看上去与恐龙相差甚远，那是因为鸟类已经演化了。但有些化石物种既拥有恐龙的典型特征，又拥有鸟类的典型特征（见 49/ 圣贤孔子鸟）。因此，恐龙并没有真正消失！那么，在一定程度上，"恐龙类群"的概念其实是我们在断章取义，是语言的误用。因为我们忽视了其他与之拥有亲缘关系的物种。另一方面，基于演化的观点，针对很多我们非常熟悉的生物，我们会使用统一名称，即使它们属于完全不同的类群，比如无脊柱动物、鱼类和爬行动物等。

如今，科学家们对诸多数据源进行分析，包括解剖学数据（比如有些生物的脊椎骨存在，见 101/ 长颈羚）、生物分子数据（尤其是基因数据）、胚胎学数据，甚至生物行为学数据（如鸟鸣声、蝙蝠的叫声），用以重建物种的亲缘关系，且避免产生诸如"恐龙类群"这样断章取义的分类。重建方法是不断细致入微地推测和解释。比如蝙蝠（见 97/ 蝙蝠）和鸟类（见 88/ 极乐鸟）都有一对翅膀，但要将它们归属于近亲物种，就必须解释它们的哪些特征会同时出现在其他物种上，而具有这些特征的物种为什么不归属于蝙蝠或鸟类这个种群？比如，蝙蝠、鲸鱼和树鼩都有毛发和乳房，但鸟类却不具备这些特征。因此，在建立一个种群分类之前，必须不断地推论和假设，直到此分类被接受。鉴于此，我们认为鸟类和蝙蝠属于两个不同的类群，为了征服天空，两者都独立演化出了翅膀。而因为这个相似的形态特征，两个类群又呈现出趋同演化的特点。

鸟类和蝙蝠的翅膀体现出两者适应空中环境的同一特征，
但这个特征是两个不同类群独立演化而来的。

地球上到底有多少物种?

100万? 200万? 500万? 这个问题至今都难以回答。根据最新的统计,科学家们已经记录了大约140万个物种。而目前生活在地球上的物种数量将近1000万,而且鉴于原核生物(古菌和细菌)等物种的数量难以估计,这个数字还有可能被严重低估。因此,还有数量庞大的物种等待我们去发现和记录。不过,要对已经记录的物种进行统计,就已经十分困难了。一方面,直至今日,我们仍旧没有构建出一个完整的,能将所有已知物种和物种名称纳入其中的基础数据系统。因此,我们必须回到1738年,从最早一批相关著作(首部《自然系统》)出发,对所有的文献进行综述和总结。另一方面,已有的分类系统中还会存在一些不合时宜的错误。例如,同一个物种可能会被记录两次,会有两个不同的名称!因此,出现这种情况时,有必要去掉后发布的名称,而保留最初记录的名称。对于科学家们来说,这项工作是极其复杂和繁重的。

而140万个物种还仅仅只是现存物种!然而,我们知道,地球上最早的生命痕迹可以追溯至大约37亿年前。数量众多的物种不断演变、更新、演化、诞生,那些化石就是最珍贵且必不可少的证明。我们今天并不知道自生命诞生以来,有多少物种存在,因为并不是所有存在过的生物都能通过化石记录下来,要对所有物种进行数量统计,简直难于登天!37亿年来,或许有数亿个物种光临过这个世界,它们构筑了充满无限惊喜和奇迹的历史,在本书中,我们将一同见证这其中的奥秘。

生物多样性是如何演变的？

今天，我们知道物种演化的历史，化石和其他一系列的探索和实验都是最好的证明。我们能够对物种的演化进行不断深入的研究，还要感谢查尔斯·达尔文（1809 —1882）以及他对自然选择的观点。在他之前，已经有人进行了多次不太成功的尝试，比较具有代表性的是法国生物学家让 - 巴蒂斯特·拉马克（1744 —1829）。

这种演化机制基于种群内个体的遗传变异性，并且表现在所处的生活环境对个体施加的影响和限制上。生活所需的资源（例如食物和住所）不足以满足所有个体的需求，而环境条件（例如气候和掠食者等）并不总是有利于个体的充分发展。因此，自然选择必然发挥作用，并优先倾向于最适应自然的个体。胜者不一定是最强壮、最高大的，抑或是最贪婪的，而有可能会是那些最适应特定环境的；而适应能力较差的，则不会被自然选择法则眷顾。适者生存，且能够更容易繁殖，将更有利于适应自然法则的基因和表型特征遗传下来。因此，下一代将表现出上一代遗传下来的优势特征，在遗传和表型上与之前的种群有所不同。于是，种群便根据自然选择不断进行调整。如果环境改变（见 54/ 雕齿兽），今天的优势物种便有可能成为明天的输家！没有什么是一成不变的。物种不会漫无目的地演化发展，它们需要不断适应特定的条件，否则将面临灭绝的危险。当然，还有其他机制存在，例如遗传漂变，会导致物种出现随机变化。

不过，还有一点非常重要。为什么所有个体都不一样？这个达尔文不能回答的问题，现在已经有了答案。这些差异与有性繁殖有关，因为它导致了繁殖期间，父母的遗传基因随机组合。基因信息的传递也会出现小的错误，导致个体之间的差异。总而言之，偶然随机也是至关重要的。

生命演化最重要的阶段有哪些？

现阶段的生物多样性，只不过是漫长地球生命史上一个短暂的阶段。如果我们有机会观察这个星球上 2 亿年后的生物多样性，可能会惊喜不断！作为证据，让我们回溯到 2 亿年前，那时还没有灵长类动物，没有开花植物，没有大象，甚至没有鸟类！

古生物学家已经建立了一个巨大的已知化石物种目录，从中我们可以整理出一些关键事件。在地质时期，发生了五次大规模的灭绝事件，其中物种灭绝率超过 70%，以及大约 25 次严重灭绝事件。在这些生物大规模灭绝期间，活体物种数量急剧下降。不过，生物多样性的历史并不仅限于接二连三的灭绝事件，这部历史同样见证了生物大规模发展阶段，这些阶段被称为辐射演化时期。今天，我们估计在发生重大灭绝危机后，实现重获生物多样性大约需要 100 万年。在地质学上，这只是一个非常短暂的时期，而对于人类来说，这是一个漫长的过程。灭绝危机后，占主导地位的生物并不是之前的主宰生物。6500 万年前，在白垩纪——第三纪灭绝事件中，伴随着恐龙的消失，哺乳动物开始多样化发展！

如今，由于人类造成的全球变化（生态环境改变、物种引进、气候变暖），我们将进入一个新的物种大灭绝阶段，也就是第六次物种大灭绝。这次灭绝情况十分严重，生物多样性丧失程度与以前的危机差不多，但灭绝时间更短，为几个世纪，而不是以前的几十万年。如果这次灭绝和前五次灭绝的毁灭性程度一致，那有可能造成我们自己物种的灭绝，并给其他物种带来巨大利益。虽然我们每个人都明白，生命在演化的作用下，将持续发明和创造美妙的物种，但我们不希望看到人类灭绝的那一天！

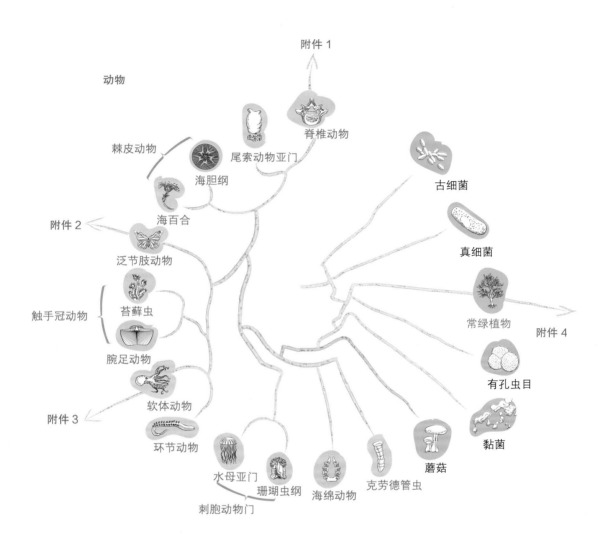

附件 1

动物

棘皮动物

海胆纲

尾索动物亚门

脊椎动物

古细菌

真细菌

海百合

附件 2

泛节肢动物

触手冠动物

苔藓虫

常绿植物

附件 4

腕足动物

有孔虫目

附件 3

软体动物

黏菌

环节动物

水母亚门

珊瑚虫纲

海绵动物

克劳德管虫

蘑菇

刺胞动物门

本书介绍的种群之间的亲属关系图。

（脊椎动物、泛节肢动物、软体动物及常绿植物 亲属关系图见 211 页附件）

101 个演化奇迹是如何选择的？

为了完成此书，作者根据自己多年的科学工作经验，如同大海捞针一般在不计其数的生物演化奇迹中选择了 101 个。然后按照地质年代以及生物演化对照表（见 216 页）中的一些演化事件，分成四个部分对这 101 个演化奇迹进行介绍：远古时期、繁荣时期、现代生命和演化的创造性。

读者通过每个物种或类群的身份证，可以了解到以下信息：

• 学名，即物种分类体系中使用的名称。本书将根据实际情况在分类系统中选取不同级别的学名。

• 类群，在分类体系中，类群是比物种更大的一个等级。引言和附件中的物种亲属图上也有类群信息。

• 生存年代，通过生存年代可以了解这一物种或类群生活的时期，是现存物种还是古老物种，甚至是远古物种。年代一般以百万年为单位。

• 尺寸，表示生物成熟后的体积大小。

• 生存环境，通过生存环境可以大概了解该生物生活的地点。此书按照传统方式将飞行动物的生存环境标注为"陆生"，毕竟它们偶尔还是要回到陆地上休息的。

远古时期

地球上最初的生命迹象大约出现在 37 亿年前，随后，到了 5.75 亿年前，生物多样性突然爆发，新的生命形式诞生，并见证了这一伟大演化历史的开端。这一阶段的有些生命，即使曾经非常震撼，如今也已经不复存在。它们或消失于灭绝时期，或随着时间的推移而不断变化。那些已经灭绝的物种表明，生物多样性的变化是顺其自然的，并且物种随时有可能消失。但也有一些出现在这个时期的生物特征留存至今，并在新物种身上得以延续。比如，一些动物拥有的外壳，我们今天会觉得它十分优雅和现代，而其实它诉说的是一个非常古老的故事！

旋鳃虫，一种生活在地中海海底的环节虫。

叠层石 （37亿年）
制造岩石的细菌

每一次发现新的叠层石，都有可能将生命的起源时间往前推移。

身份证 1

学名：Stromatolithe
类群：真细菌、蓝细菌
生存年代：已知 37 亿年

尺寸：几微米
生存环境：水生

　　地球上最古老的生命记录在一种被称为叠层石的岩石中。如今，叠层石依然存在，却十分稀少，它们主要分布在澳大利亚的西部海岸——鲨鱼湾。叠层石不是真正意义上的生物，而是细菌群落共同作用下产生的沉积构造。

　　在浅层海水或淡水水域，蓝细菌等微生物会以胶状的形式聚集在一起。蓝细菌需要借助阳光，才能进行新陈代谢。因此，为了增加细菌群落接收阳光的面积，细菌呈块状铺开，这种细菌层便是叠层石形成的起源。蓝细菌在光合作用过程中，会吸收大气中的二氧化碳，产生碳酸钙等矿物质。与此同时，铺开的细菌层也会捕获黏结的沉积物。因此，叠层石就是在这样一个有机生命和矿化的双重作用下，逐渐形成并不断地石化。捕获的沉积物加上蓝细菌本身产生的矿物质，甚至能形成大型的地质构造，如纳米比亚叠层石，高度达到了几十米。

二氧化碳捕获者

在漫漫历史长河中，叠层石的构造方式使它能以一种特殊的形式将结构保留下来。叠层石是地球上最古老的生命，每一次发现新的叠层石，都有可能将生命的起源时间往前推移。最近，科学家在格陵兰岛发现的叠层石，便将生命的起源时间向前推进了 2 亿年，表明 37 亿年前地球上就已经有生命了。叠层石在初期世界中扮演着重要的角色。形成叠层石的细菌进行光合作用，捕获二氧化碳，参与地球最初的大气变化。因此，大气中的二氧化碳大量减少，氧气大量增加，才逐渐形成今天的大气环境。

另见：2/ 沃氏嗜盐古菌，
75/ 极地雪藻

澳大利亚鲨鱼湾，现存叠层石。

沃氏嗜盐古菌（现存物种）

嗜极端菌

人类已经证明了在火星表面"盐"的存在。

身份证 2

学名：Haloferax volcanii
类群：古细菌、嗜盐菌
生存年代：现存物种

尺寸：1~3 微米
生存环境：高盐环境

即便是最极端的生态环境，也被生命占领了。这些生活在极端环境中的微生物，被称为嗜极端菌。它们生存的极端环境包括沙漠、极地冰盖、高盐湖，甚至是地壳内部。嗜盐古菌是一种古细菌，生活在高盐环境中，如死海或美国犹他州的大盐湖。

最新的生物分子学研究，将古细菌归为一类微生物整体。它们大量聚集，形成菌落，富含古细菌的水体、水面，往往呈现出一片红色，每毫升水甚至可容纳 1 亿个古细菌。这些细胞的形状主要为杆状，一般呈现粉红色，再变成红色，因为它含有天然色素，这些色素在强烈紫外线的照射环境下，可以起到光防护作用。生活在高盐环境要面临很多问题，因为盐分会吸收生物体中的水分，直到它们变干。但是一些嗜盐古菌已经演化出一种完美的适应技能，它们能够在细胞内积累高浓度的钾离子，极大地提高了细胞内的盐浓度，使其与生活环境的盐浓度相当，从而防止水分被外界盐分吸收。

火星上也有沃氏嗜盐古菌的踪影？

这种适应极端环境的生存方式非常古老，它体现了 35 亿年前生命历史最早的开端。当时，地球上还没有充足的氧气，生活条件与我们现在相去甚远。在那个非常遥远的年代，嗜极端菌却能够在极端高盐环境下幸存下来。它们在极端环境中的生存能力和生命的延续能力，使它们成了天体生物学家研究的模式生物。天体生物学家对沃氏嗜盐古菌进行了特殊的研究，因为这种微生物可能与火星上潜在的生命形式十分类似，而人类已经证明了"盐"在火星表面的存在。

另见： 1/ 叠层石，
70/ 水熊虫，75/ 极地雪藻

电子显微镜下，生活在高盐环境中的嗜极端菌（地中海嗜盐菌）。

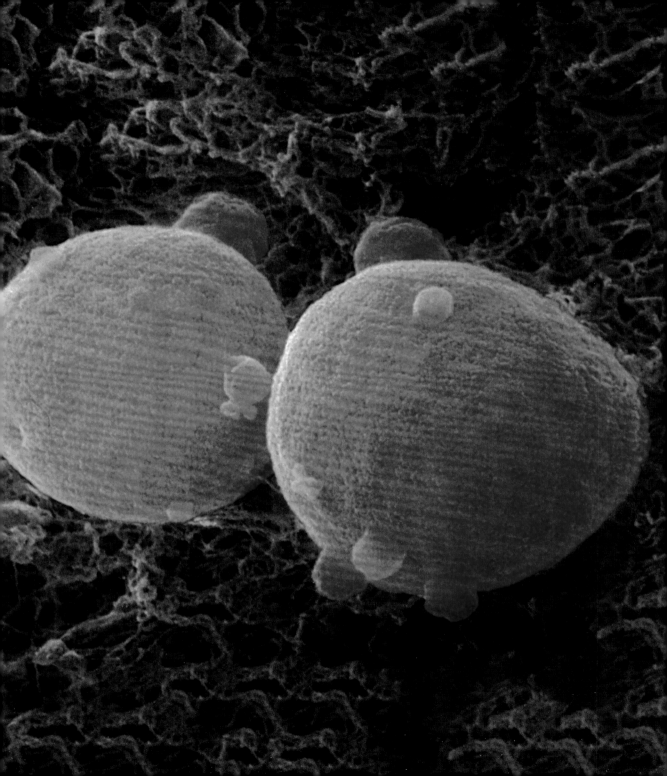

浮游生物 （以细菌形式存在35亿年）

随水漂流

浮游生物死亡后埋葬在海底，几百万年后将会转变成宝贵的石油。

身份证 3

类群：众多具有不同亲缘关系的生物体　　尺寸：从微米到毫米
生存年代：已知以细菌形式存在 35 亿年　　生存环境：所有水生环境

　　浮游生物的世界是非常惊人的。浮游生物泛指生活在水中，受水流支配，随水流任意漂流的生物。浮游生物并非是以亲缘关系划分的物种，而是由多种多样体形微小的生物组成的动物类群，包括细菌、藻类、有孔虫、海蜇、软体动物、节肢动物、鱼类、植物，甚至是病毒！总而言之，海洋生物中有 98% 都是浮游生物，它们称得上是演化的奇迹。体积最微小的浮游生物，即超微型浮游生物，能够以 100 万的数量存在于 1 立方厘米的空间内！浮游生物扮演着众多重要的角色，有些浮游植物（植物浮游生物）是真正的光合作用工厂，它们消耗二氧化碳，生产氧气，大气中一半以上的氧气都是由浮游生物提供的。

　　浮游生物处于海洋食物链的底端，正因为有了它们，才得以出现体积更大的生物体，其中就包括鲸鱼，鲸鱼靠鲸须从海水中过滤浮游生物。浮游生物死亡后，会聚集埋葬在海底，几百万年后，它们将会转变成宝贵的石油。

海洋征服者

浮游生物是由不同性质的生物组成的，有体形微小的成年生物，也有体形较大的生物幼体，比如螃蟹，这些幼体处于胚胎后发育阶段。浮游的生活方式只是一些物种生活方式的一部份，比如软体动物、棘皮动物或鱼类，它们一旦由幼体变为成年，就将采取新的生活方式，或固定在海床上，或在水中自由游动。浮游其实是一种有效的将物种迁移到海洋各处的方式，毕竟浮游有一个很明显的优势，那就是个体在迁移过程中随水流而动，并不需要借助自身的力量。

另见： 4/ 有孔虫，
8/ 苔藓虫，9/ 海绵动物，
37/ 飞鱼

淡水浮游生物。
观察到的丝状藻类、水蚤和携带卵子的桡足类。

有孔虫（5.4亿年）

单细胞捕食者

古生物学家经常根据有孔虫来断定地质年代。

身份证 **4**

学名：Foraminifera　　　尺寸：直径为亚毫米到几厘米
类群：有孔虫目　　　　　生存环境：海洋
生存年代：已知 5.4 亿年

有孔虫是一种很奇特的生物，它们属于原生单细胞生物，拥有制造外壳的能力。外壳很小，由多个旋绕相连的小房室组成，外壳上有许多小孔（因此被称为有孔虫）。外壳的主要材质为钙质、硅质或有机物，有些有孔虫物种会收集海底细小颗粒，用来建造自己的外壳。

一些巨大的有孔虫，外壳直径可达几厘米。它们的单细胞具有扩张能力，可以扩张成假足，从壳体上的孔中溢出，帮助自身移动或捕获食物，它们一般以细菌、藻类、幼虫以及各种废料为食。

大部分有孔虫为海洋底栖生物（固定在海床上），还有少量属于浮游生物（随水流漂移）。有孔虫的形状和大小各异，数亿年来一直大量存在于海洋中。古生物学家经常根据有孔虫来断定地质年代（因此它们是一种可以反映不同地质年代特征的物种）。

昔日气候变化的见证者

有孔虫的外壳是围绕一个中心房室建造而成的，围绕方向可以是右旋（顺时针方向），也可以是左旋（逆时针方向）。有时，同一种有孔虫既会出现右旋，也会出现左旋。它们选择围绕的方向可以由许多因素决定：海洋盐度的变化，捕食方式或繁殖策略的变化等。在某些情况下，有孔虫个体会根据气候的剧烈变化，优先考虑某一个方向，如最近的大冰期和间冰期交替期间。古生物学家可以通过有孔虫化石左旋或右旋的比例，来断定过去的气候变化。

另见：3/ 浮游生物

扫描电子显微镜拍摄并着色的地中海有孔虫，由不同房室旋绕相连构成的有孔虫外壳清晰可见。

七鳃鳗 （4.2亿年）

吸血鬼

数亿年以来，七鳃鳗已经适应了体外寄生吸血的生活方式。

身份证 5

学名：Petromyzontidae
类群：脊椎动物，七鳃鳗
生存年代：已知 4.2 亿年

尺寸：最长可达 1 米
生存环境：成年七鳃鳗生活在海洋中，繁殖和幼体发育阶段在淡水中

　　如果你知道七鳃鳗，那著名的吸血鬼德拉库拉，也就显得没那么可怕了，因为七鳃鳗才是真正可怕的水下吸血鬼。但事实上，七鳃鳗只是一种普通的无颌鱼类，它的身体像蛇一样细长，有一到两个背鳍和一个尾鳍。头部眼睛后面的身体两侧各有七个鳃孔，圆形的嘴巴里长满了可怕的牙齿。

　　数百万年，甚至是数亿年以来，七鳃鳗已经适应了体外寄生吸血的生活方式。一方面，它们吸附寄生在猎物的身体表面；另一方面，它们还拥有一套强大的武器：一张布满锋利牙齿的大嘴，以及长着牙齿的舌头。凭借这套牙齿系统，它们可以刺穿猎物的身体，然后吸食猎物的血液，它们的主要吸食对象是鱼类或海洋哺乳动物。

　　目前，现存的无颌脊椎动物已经十分稀少，大约只有 60 个物种，主要分布在两个不同的类群：七鳃鳗和盲鳗。

经过时间考验的适应能力

在地质时期，尤其是古生代，无颌脊椎动物物种丰富多样，形状和大小也各不相同。这类生物的特点是：水生并且具有细长的身体，其中有些无颌脊椎类具有外壳。在苏格兰莱尼矿层中发现的里尼古七鳃鳗（*Priscomyzon riniensis*）是目前发现最古老的七鳃鳗物种之一，它来自 4.1 亿年前的下泥盆统。里尼古七鳃鳗嘴巴的结构与现在的七鳃鳗结构非常接近。这个例子告诉我们一个重要的事实：无颌，这个被我们（错误地）认定为低级而简单的解剖结构，其实是经历过数亿年时间考验才形成的完美构造。

另见： 91/ 鮟鱇鱼

寄生在石首鱼上的七鳃鳗（葡萄牙塔霍河口）。

埃迪卡拉动物群 （5.75亿年到5.42亿年前）
地球生物多样性的前奏

这是一个由软体生物组成的世界，一个没有掠夺捕食的世界。

身份证 6

学名： faune d'Ediacara
类群： 众多具有不同亲缘关系的生物体
生存年代： 5.75 亿年到 5.42 亿年前

尺寸： 最大可达 1 米
生存环境： 海洋

想象一下一个没有骨骼支撑，只有软躯体动物的世界，就是既没有类似于脊椎动物那样的内部支撑骨架，也没有腹足类或甲壳类动物那样用来支撑或保护的外壳。

这样的世界大约存在于 5.75 亿年前，当时埃迪卡拉动物群是海洋的统治者，这一时期是生物多样性大爆发的前奏。在这个动物群里，我们发现有水母，形状左右对称，与三叶虫有些相似；有呈辐射对称的生物，形状与棘皮动物相似，但都没有骨架。我们很难将这一动物群体归纳到物种生命之树中。一些科学家想象，这是一个由软体生物组成的世界，各生物体之间没有互动，而是各自通过过滤水吸取营养，是一个没有掠夺捕食的世界。如果是这样，便是一个与现在完全不同的生物多样性组织。这表明，演化机制可以创造出与我们完全不同，而又令人惊讶的生物世界。

一场意外的化石过程

我们能够了解到这样一群令人难以置信的生物组织，还有赖于位于澳大利亚阿德莱德（Adelaide）北部著名的埃迪卡拉矿层。我们本来没有机会发现这类软体动物的化石，因为软体动物变成化石的可能性几乎为零！不过，化石作用有时会留下一些美妙的惊喜。通过对埃迪卡拉动物群沉积物的研究发现，这类软体动物得以形成化石，与当时环境的突变有关，比如水下泥石流或暴风造成的海洋沉积物的位移。因此，埃迪卡拉动物群的死亡过程与被沉积物埋葬有关。而这也使得它们变为化石成为可能。有时，仅仅因为一次沉积物突然的移动，我们便对生物多样性的演变有了更多的认识。

另见: 12/ 水母，**14/** 怪诞虫

埃迪卡拉动物群艺术复原图，显示当时居住在海底不同类型的生物体。

介形虫（5.4亿年）
隐藏在盔甲中

介形虫物种中的雄性拥有巨大的精子，甚至比介形虫本身还大。

身份证 7

学名：Ostracoda
类群：泛节肢动物，甲壳动物
生存年代：已知 5.4 亿年

尺寸：几毫米
生存环境：所有水生环境

　　介形虫是唯一一种由两瓣外壳包围，受保护的节肢动物。介形虫是微小型动物，其大小在 0.5~3 毫米之间，很难用肉眼观察到。不过，也有极少数介形虫尺寸较大，能达到 2.5 厘米，这个尺寸对于介形虫来说，已经十分惊人了。介形虫生活在甲壳中，为了便于游动和进食，它们会微微张开外壳，伸出触角或附肢。现在这类群体的物种非常多样，其物种数量可以达到 7000 多种，几乎都能在任何水生环境中繁殖，如海洋、海渊、淡水，甚至是一些大陆湿地，如苔藓地。

　　这类群体拥有一项令人惊叹的技能：一些介形虫的器官，通过生物化学反应会发光，并且已经演化出了一套基于生物发光的防御策略。所以，当面对鱼类捕食者，介形虫可以通过发光来御敌。

巨型精子

介形虫的繁殖方式同样令人惊奇，大多数情况下，其受精卵是在自然环境下发育，但在少数介形虫物种中，雌性会把受精卵保存在壳内，给予它们额外的保护。而有些介形虫物种中的雄性则拥有巨大的精子，甚至比介形虫本身还大：精子长度可达 6 毫米，比介形虫大十倍！有人在 1600 万年前的化石标本上，也发现了这个特征。为什么会有这么大的精子呢？原因目前尚不明确。这个特征也存在于其他类群中，比如果蝇。不过果蝇是在演化史的后期阶段，才演化出这个特征，而介形虫的这个特征则超过了 1600 万年历史。这个谜题还有待解答。

另见：3/ 浮游生物，
38/ 藤壶

巨海萤，似龙卵圆形种
紫色的卵子（墨西哥湾）。

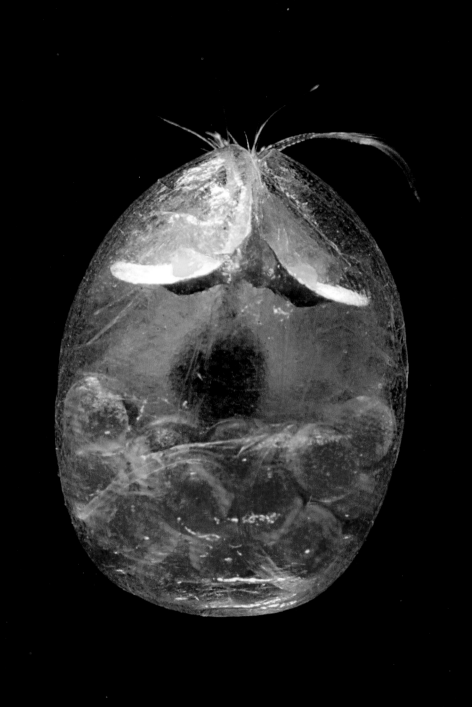

苔藓虫 （4.8亿年）

群落生活

虽然有些苔藓虫看起来与水生苔藓植物相似，但它确实是一种动物。

身份证 **8**

学名： Bryozoa
类群： 触手冠动物，苔藓虫
生存年代： 已知 4.8 亿年

尺寸： 独立个体大小单位为毫米，
群体大小可达 1 米
生存环境： 水生

　　群落生活是生物演化过程中，一种突破想象力的创造。不过很多时候，群落生活会向独立生活演化。而苔藓虫是唯一一种所有物种都属于群落生活的类群！每个苔藓虫群落都固定附着在基质上，可以容纳数百万个个体。每个个体都建造了属于自己的不到 1 毫米大小的外壳，并与它的邻居相连接。它们会用布满触手的冠状物捕捉浮游生物，供其食用。在演化过程中，一些苔藓虫物种的群落甚至可以容纳不同类型的特殊个体，例如特殊进食方式的个体。

　　群落生活会体现出一些十分有趣的演化优势。苔藓虫群落会为了适应环境的变化，而改变它们的生长模式。如果它们赖以生存的附着基质变少，群落会为了适应这一变化而变成竖直形状，以解决地基减少的问题。这是一种能让这个群体得以延续数亿年的美妙演化策略。

苔藓动物

没有什么比观察苔藓虫群体更容易的了，它们常常栖息在其他生物的外壳上，比如贻贝或螃蟹。所谓的结壳群落就是在这些外壳的表面发展起来的，它们会在外壳上建造斑块，形成一种有孔的天然网格结构。还有一种很难观察到的苔藓虫物种，能以一种美妙的三维方式组成群落。苔藓虫（bryozoaire）的名称来源于希腊语，"bryo"有苔藓之意，而"zoaire"则表示动物。尽管有些苔藓虫群落看起来与水生苔藓植物十分相似，但这种"苔藓动物"确确实实是一种动物。

另见： **9/** 海绵动物，
52/ 珊瑚

格氏海王花边虫，一种生活在亚得里亚海中的苔藓虫（克罗地亚，特里斯卡瓦海湾）。

海绵动物 （5.4亿年）
高效过滤工厂

海绵丝其实是一种生物的柔软骨骼。

身份证 **9**

学名：*Porifera*
类群：海绵动物
生存年代：已知 5.4 亿年

尺寸：从几毫米到数十厘米
生存环境：所有水生环境，甚至深海

自古以来，海绵丝因其弹性和吸水性而广为人知，事实上它是一种生物的柔软骨骼。今天，我们了解到海绵动物属于多细胞动物，也是自 5.4 亿年前古生代初期生命多样化大爆发以来，最古老的多细胞动物之一。在物种生命之树中，海绵动物至少可以被划分为三个独立的类群，其形态非常相似。

海绵动物适应了一种非常简单的生活方式：它们的身体通常固定在海底，完全用于过滤，它们的体壁是过滤水的高效工厂。经过过滤，海绵动物既能够掠食，还能吸收呼吸所必需的氧气。海绵动物过滤的秘诀在于其体壁结构，它们的体壁上有小内腔，内腔上的细胞可以使海水流动。

海绵动物的食物包括水中的浮游生物、细菌，甚至其他生物腐烂后产生的悬浮有机碎屑。

内骨骼

内骨骼的存在是海绵动物的秘密之一。内骨骼由微小的钙质或硅质元素组成，被称为骨针，结构细长，尺寸一般为亚毫米至毫米。骨针的形状各异，或简单如杆状，或复杂如三维结构。大骨针相互联结形成支撑身体的骨架。因此骨针对这类生物的结构形成非常重要，并且决定了它们的基本形态。有的海绵动物只有海绵丝，没有骨架。海绵丝是一种天然骨胶原，能够使海绵动物变得有弹性。海绵动物解剖结构非常简单，在过去，尤其是侏罗纪，它们演化出了群落生活方式，这些群落逐渐形成大型暗礁。

另见：8/ 苔藓虫，
52/ 珊瑚

扫描电子显微镜下观察的，经过着色的海绵动物硅质骨针。

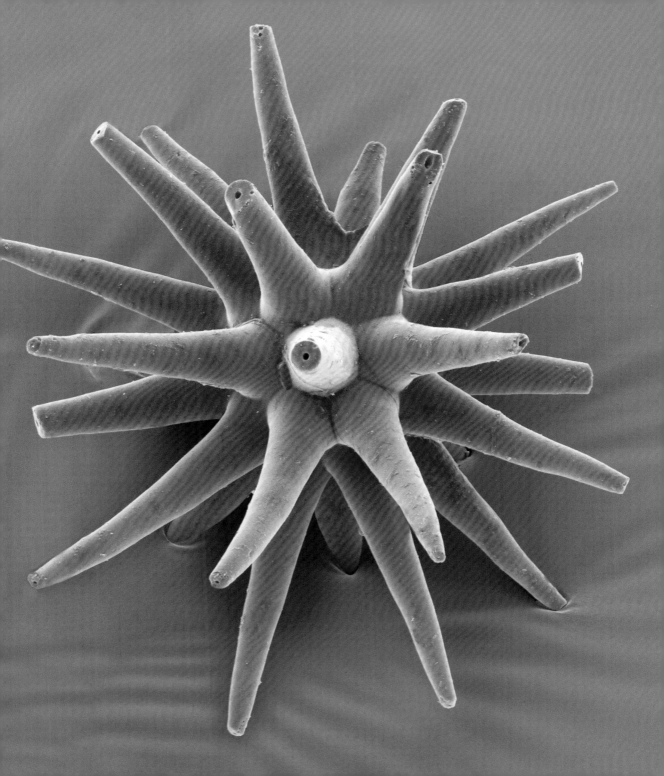

轮藻植物 （4.2亿年）
有矿物质外壳的海藻

轮藻植物具有制造矿物结构的能力，这种结构类似于动物的骨骼。

身份证 10

学名: Charophyta
类群: 常绿植物，轮藻门
生存年代: 已知 4.2 亿年

尺寸: 可达 1 米
生存环境: 水生

　　藻类可以进行光合作用，这是构建水下食物链的基础之一。它们没有真正的茎、根或叶，主要是纤维或丝状，而且一般没有支撑结构。

　　不过有些藻类，比如轮藻植物却具有制造矿物结构的能力，这种结构类似于动物的骨骼。轮藻植物高度可达 1 米，连续分节，有节和节间之分，节上生有小枝。

　　轮藻植物具备一种非常独特的生殖结构，它们的小枝上会生长出一种特殊的生殖器官（藏卵器），每个生殖细胞呈螺旋形围绕，且细胞内可以钙化，从而产生一层矿物外壳，这种矿物结构对化石的作用十分有利。因此，人们经常会在化石标本上发现这种钙质螺旋结构，而轮藻植物在地质时期的悠久历史也才得以被记录。

水生植物

从生物演化观点来看，藻类实际上包含许多不同的类群，它们之间虽然有些类似，但其实是相互独立，几乎没有关联的。事实上，最早的动植物分类学家就错误地将这些亲缘关系并不接近的物种，归纳到同一类，并且忽视了许多其他亲缘关系更接近的物种。在今天的日常交流中，我们仍旧习惯使用"藻类"一词，用来指所有与植物相似的水下物种。而在严谨的科学语境下，应避免使用这个词，因为它并不符合演化学的观点。另一方面，轮藻植物是一种合理的演化学分类，其历史已经超过了 4.2 亿年（它们共同祖先的年龄）。

另见: 3/ 浮游生物，
52/ 珊瑚

脆轮藻（Chara fragilis），从图中可以看到它们有性繁殖的果实。

海鞘 （5.4亿年）
垃圾集中处理

通过海鞘身上的脊索，我们可以更好地了解脊椎动物的起源。

身份证 11

学名：Ascidiacea
类群：尾索动物亚门，海鞘纲
生存年代：已知 5.4 亿年

尺寸：从几毫米到 10 厘米
生存环境：海洋

　　海鞘体形微小，全身五颜六色，形似囊袋，是一种魅力十足的生物。海鞘的身上长有用于支撑身体的脊索，因此通过海鞘我们可以更好地了解脊椎动物的起源。不过与脊椎动物不同的是，海鞘的脊索在成年后会逐渐退缩消失，而脊椎动物的脊椎骨在整个生命周期都会保留下来。在成年状态下，海鞘看起来像一种带有两个孔的圆锥形被囊。一个孔进水，另一个孔排水。在水进出的过程中，水被过滤掉，而食物则被保留下来。

　　海鞘固定生活在海底。我们经常可以观察到成片生活的海鞘群体，每个群体包含成百上千个个体，这些群体的生命可长达数十年。海鞘的群体生活非常复杂：它们有时候会共享一个被囊，可供它们共同滤食。而在有些情况下，整个群体只有一个排水口，每个个体将独自生活，从各自的入水孔进水，而所有的废水都会通过内部共享孔腔中一个巨大的排水口排出。这便是它们集中处理垃圾的方式。

雌雄同体

海鞘的繁殖方式同样令人惊讶：它们属于雌雄同体。同一个体的卵巢和睾丸会将配子排出到囊腔内。受精卵将孵化成只有几微米大小，形状与蝌蚪相似的幼体。海鞘幼体的尾部长有脊索，因此它们在演化上与脊椎动物有相近之处。可以说，相对于昆虫而言，我们人类与海鞘更接近。几小时后，这些幼体就会固定在海床上，形状也随之出现巨大的变化，最后长成囊袋状。海鞘的囊袋由被囊素组成，这种物质仅存在于海鞘内，与纤维素相似。在工业领域，被囊素可以用来增加橡胶的抗拉伸性。

另见：9/ 海绵动物

附着在太平洋海底的透明蓝色海鞘（印度尼西亚，苏拉威西岛）。

水母 （6亿年）

蛇蝎美人

对于水母来说，生物发光有可能是用于吸引猎物。

身份证 12

学名：Meduzoa
类群：刺胞动物门，水母亚门
生存年代：已知6亿年

尺寸：直径从几毫米到2米
生存环境：海洋（海面至深渊均可生存），
有些物种生活在淡水中

水母因夏季海滨浴场蜇人事件而出名，不过这种生物还隐藏了许多解剖学和行为学方面的惊喜。它们虽是肉食性动物，却既没有牙齿，也没有骨骼。水母是令人生畏的猎人，会用强大的毒液致使猎物瘫痪。它们身体内的含水量为98%，身体直径可达2米，触手可长达几十米！有些水母几乎是透明的，而有些则色彩斑斓。水母的形态看起来像一个中间填满了胶体的双层伞，因此它们可以很自如地漂浮在水中，它们甚至拥有平衡器官。水母没有大脑，但它们的神经系统却对环境和光线十分敏感。它们既可以通过有性繁殖，也可以通过无性繁殖。总而言之，我们要忘掉之前所有的偏见：水母并不是一种简单的动物！

1996年，科学家们在加勒比海发现的一种水母，似乎揭示了长生不老的秘密。因为，这种水母可以重复生命周期，能从性成熟独立个体阶段，重新回到水螅型状态，并附着于其他物体上，从而实现逆转老化的过程。

生物发光

水母还具备一个令人惊讶的特征，那就是大部分的水母都可以生物发光。也就是说，它们可以通过控制化学反应来制造光源。水母并不是唯一一种可生物发光的物种，除它之外，还有细菌、鱼类、甲壳类动物和头足类动物等，都会生物发光。但在这方面，水母是效率最高的。在演化的过程中，生物会演化出发光器官是出于多种目的的，比如照明，吸引猎物，对抗掠食者，或是起到沟通交流的作用。对于水母来说，生物发光有可能是用于吸引猎物，将猎物引诱到它们可怕的陷阱中——长有刺细胞的触手。

另见： 7/ 介形虫，
91/ 鮟鱇鱼

发光水母携带了一只小螃蟹，这类水母有时被称为"红眼水母"，因其触手底部有红色感光器官。

克劳德管虫 （5.48亿年前）
钙质外壳

迄今为止已知的，具有钙质外壳的物种中最古老的物种之一。

身份证 13

学名：Cloudina　　　　　尺寸：最大尺寸可达几厘米
类群：克劳德管虫　　　　生存环境：海洋
生存年代：5.48 亿年前

　　在今天，我们想要找到有外壳保护的动物，已经是十分稀松平常的事，比如牡蛎或是蜗牛。但是在地球生命史早期，也就是在 5.48 亿年前，地球上已知的唯一动物是软体动物，它们既没有骨架也没有外壳。在这样的一个世界，发明一个外壳，可以说是一种非常激进的形态创新了，命中注定要失败！然而出乎意料的是，这项发明却大获成功。克劳德管虫是迄今为止已知的，具有钙质外壳的物种中最古老的物种之一，这些物种共同掀起了生物矿化机制的革命。

　　克劳德管虫个体的形态与小圆锥管体相似，管体彼此嵌套，形成一根不规则的管。克劳德管虫在中国、纳米比亚、加拿大等世界各地都有发现。

　　近来，有研究人员表明，克劳德管虫相互联结，建造了世界上最古老的礁石。这可能是它们适应环境，提高生存机会的一种策略。

军备竞赛

为什么动物普遍会演化出以外壳为代表的生物矿物质呢？这种演化可能只是一种非常有效的自我保护的御敌策略。不过，相反的，捕食者也会演化出新的捕食机制，例如在克劳德管虫外壳上打孔的能力。因此，这又使生物演化出越来越厚的外壳……竞争事态逐步升级。这是一种超过 5 亿年历史的自然军备竞赛，并且将一直持续，也因此，大量动物类群会演化出形状极其多样的外壳。

另见：51/ 衣笠螺，
69/ 蛛螺

腹足目骨螺科动物的矿物外壳（菲律宾）。

怪诞虫 （大约在5.1亿年前）

哪儿是头？哪儿是尾？

怪诞虫的身体构造就像谜题一般难解。

身份证 14

学名：Hallucigenia　　　　　　尺寸：最大尺寸可达几厘米

类群：泛节肢动物，怪诞虫　　　生存环境：海洋

生存年代：大约在 5.1 亿年前

大约在 5.3 亿年前，物种大爆发，许多超乎我们想象力的物种诞生了，它们考验着古生物学家们的理解能力。

怪诞虫就是其中的一个例子，在很长一段时间里，怪诞虫的身体构造对于古生物学家来说，就像谜题一般让人难以琢磨。它们身体的主要部分是管状的，在管状末端有一个小球，身体上长有柔软的触手和两排硬刺。20 世纪 70 年代，人们认为长在背部的触手，是用于捕食的；长在腹部的刺，是怪诞虫的硬爪，能够帮助其移动；而长在身体末端的球体是它们的头。但是后来，古生物学家又完全颠覆了之前的认识，认为长在怪诞虫背部的其实是刺，能起到保护作用，触手则用于移动行走。而之前所认为的头部，其实是怪诞虫的尾部，而且这个类似头部的膨胀小球，只不过是一种"伪造化石"。

到了最近，对怪诞虫的解释又有了新的变化：古生物学家通过对保存完好的化石标本进行观察，认为球状物确实是它们的头部，因为在球状物头上有两个细小的结构，极有可能是怪诞虫的眼睛。

了解化石

从古生物学的角度对化石进行解释，并非总是那么容易。大部分生命形式，尤其是在生命史初期阶段出现的生物，都已经消失了，这使得古生物学家在了解它们的生活方式时，会感到十分困惑。如果目前存在与化石物种相近的物种，那么对化石的理解和解释会变得简单很多。例如，菊石外壳的作用并不难解释，因为现存物种鹦鹉螺与其十分相似。如果没有与化石物种相近的现存物种，那只能以解剖学细节为基础来解释，并且会伴随着许多推测，比如神秘的怪诞虫。英国古生物学家康韦·莫瑞斯认为，这种生物只有在梦里才能见到，因为它们相貌太奇怪，所以将其命名为怪诞虫。

另见：12/ 水母

生活在 5 亿年前大海中的神秘怪诞虫和水母的艺术复原图。

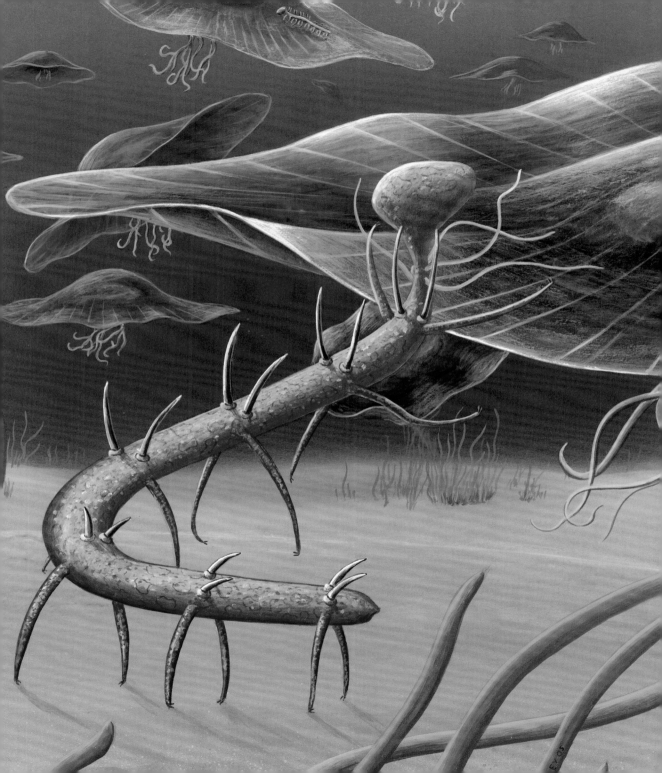

镜眼虫 （4.85亿年到3.58亿年前）
演化完美的眼睛

镜眼虫拥有一套性能非常出色的视觉系统。

身份证 15

学名：Phacops
类群：镜眼虫三叶虫目
生存年代：4.85 亿年到 3.58 亿年前

尺寸：最大尺寸可达几厘米
生存环境：海洋

    三叶虫是主导海洋长达 3 亿年的节肢动物，它们广泛分布于所有海域，物种数量极其多，目前已知的数量就超过了 18000 多种！随后到了 2.5 亿年前，它们突然完全消失，无一幸免，且没有留下任何后代。

    三叶虫拥有由动物开发的最古老的视觉系统之一，该系统非常有效，至今仍存在于昆虫或甲壳类动物中，比如复眼。复眼由对光敏感的结构并置形成，这些结构被称为小眼。有些三叶虫，比如镜眼虫，发明了一套性能非常出色的视觉系统。它们的透镜尺寸大（直径可达 0.1~1 毫米），每个透镜都有自己的角膜。而它们最奇特的地方在于透镜的形状，这种形状在生物多样性历史上是独一无二的：透镜的下部结构呈凹状，通过波浪状表面与上部结构相连。镜眼虫可以通过这样的透镜组织结构，对视力球面像差进行纠正。

    直到 17 世纪，惠更斯和笛卡尔才在他们的光学研究工作中，揭示了这种通过波浪状表面进行视力纠正的技能。

视觉适应

三叶虫开发了各种各样的视觉适应系统，有的物种的眼睛具有支撑结构，长在刚硬伸长结构的顶部。这类物种可能生活在沉积物下，因此即使被埋在下面，这样的结构仍能确保其视力不受影响。有的物种眼睛退化，变成了"盲"三叶虫。这种演化可能是为了适应深海环境，因为那里光线稀少，或几乎没有光线。还有一些物种会演化出能够保护透镜的遮阳结构，这种结构被认为是为了防止浅海环境中太亮的光线，这样在浅海海底觅食过程中，它们就不会受到亮光的影响。

另见：17/ 美洲鲎，**92/** 螳螂虾

泥盆纪镜眼三叶虫群体（美国安大略市）。

石燕 （4.5亿年到1.74亿年前）

贪吃的腕足动物

古生代时存在大量腕足类动物，石燕就是其中之一。

身份证 16

学名：Spiriferida	尺寸：几厘米大小
类群：触手冠动物，腕足动物	生存环境：海洋
生存年代：4.5 亿年到 1.74 亿年前	

自史前时代以来，人类便开始食用贻贝或牡蛎，这种贝类被称为双壳类贝壳动物。其实，另一种贝壳——腕足类动物，也生活在海洋中。虽然腕足类动物也有两瓣外壳，但与双壳类贝壳（大约 12000 个物种）相比，它们的名气不大，物种数量也更少（大约 300 个物种）。它们具有独特的形态，其外壳是不对称的，由铰合结构连接。此外，它们还有固定附着在海底的结构，称为肉茎。腕足类动物最特殊的地方还在于，它们会演化出一种非常新颖，且更有利于滤食水中有机物颗粒的结构。这种结构包括两个部分：腕骨和触手冠。钙质腕骨位于贝壳内部，用来支撑触手冠捕捉有机物颗粒。

在演化过程中，古生代时期存在大量腕足类动物，比如石燕。石燕的腕骨呈螺旋状，这种螺旋结构可以增加腕骨的长度，因此触手冠能够触及的范围也更广。这样，石燕无须扩大贝壳的大小，就可以更好地觅食。这无疑是一种美妙的演化策略！

危机效应

5.4 亿年来，腕足类动物就广泛分布于古生代海洋中，其物种丰富多样，数量远远超过了双壳类软体动物。而在二叠纪末期大灭绝时期（2.5 亿年前，就强度而言，属于生物多样性历史上最大的一次灭绝危机），腕足类动物的一切发生了改变，物种数量急剧减少。从那以后，它们虽然依旧生活在海洋中，但多样性程度已大不如从前。腕足类动物多样化由强变弱，这样的逆转为软体动物的多样化发展创造了机会。这是演化动机的典型案例，在地质时期的几百万年间都可以观察到。

另见：31/ 固着蛤

准石燕化石，下侏罗统腕足动物，这块出众的化石使我们得以观察到腕骨的螺旋结构。

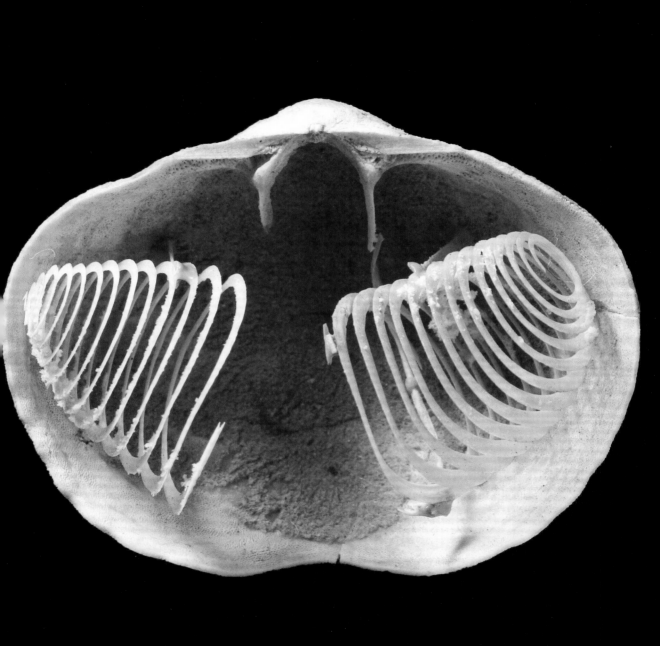

美洲鲎 （4.8亿年）

马蹄蟹

鲎的血淋巴是一种天然而又十分灵敏的测试剂。

身份证 **17**

学名: Limulus polyphemus
类群: 泛节肢动物，螯肢动物，肢口纲
生存年代: 已知 4.8 亿年

尺寸: 长度可达 50 厘米
生存环境: 海洋，偶尔生活在海滩

鲎似乎是一种来自史前的生物，与生活在泥盆纪海洋中的远房亲戚极容易被混淆。不过，我们需要注意的是，形态相似与演化缺失是完全不同的。因为演化是一直在进行的：即使鲎的解剖组织几亿年来几乎都一样，但它们的基因遗传肯定是会改变的。

鲎拥有一个非常坚硬的背甲，颜色很深，几乎呈黑色，分为三个部分。头胸甲呈马蹄形，中间有腹甲，腹甲两侧有若干锐棘，尾部呈指针状。腹面长有附肢，用来移动和捕食。鲎属于杂食性动物，取食软体动物或蠕虫，有时也会吃腐食。它们的捕食系统相当复杂，不仅拥有取食结构，还拥有摩擦食物的结构。

今天，在美国的东海岸，我们可以看到大量的美洲鲎，成年鲎在那里繁殖后代。

天然测试剂

节肢动物的血样液体称为血淋巴。鲎的血淋巴是蓝色的，因为其中含有血蓝蛋白，而没有脊椎动物血液中所含有的血红蛋白，血蓝蛋白携氧则变成蓝色。鲎的血淋巴还含有特殊的物质，可以检测到某些致病性细菌，并把细菌凝结。这种属性被研究人员用来做细菌污染测试，只要将用于人体注射的产品（如透析产品）与鲎的血淋巴接触，就能够知道注射产品是否被感染。如果凝结形成，就证明被感染了；如果没有，产品则可以安全注入人体。这是一种天然而又十分灵敏的测试剂。

另见: 15/ 镜眼虫，
94/ 孔雀跳蛛

海滩上的鲎（墨西哥奥尔沃克斯岛）。

邓氏鱼 （4.4亿年到3.6亿年前）

穿遁甲的鱼

最早统治泥盆纪海洋的并不是大白鲨，而是邓氏鱼。

身份证 18

学名：Dunkleosteus   尺寸：长度可达 8 米
类群：脊椎动物，盾皮鱼   生存环境：水生
生存年代：4.4 亿年到 3.6 亿年前

在很久以前，统治泥盆纪海洋的并不是大白鲨，而是一种非常可怕的海洋捕食者——邓氏鱼。邓氏鱼是一种真正的怪物，其长度可超过 8 米，颅骨宽 1.5 米，"齿"长达 5 厘米！它们的头部和肩部完全被骨骼板覆盖，这些骨骼板可以充当发达的遁甲。遁甲之间有铰链连接，连接结构位于颈部，也就是头肩部中间，头部遁甲能够在不影响肩部遁甲的情况下移动。邓氏鱼没有牙齿，代替牙齿的是位于吻部的骨骼板，如刀一样锋利，可以轻易切断猎物。邓氏鱼的眼睛很小，位于头部，两只眼睛的位置挨得很近，使这种鱼看起来非常可怕。

这种海洋恐怖猎手能捕食各种猎物，它们的身体尺寸会随着年龄的增长而增加。古生物学家认为，在邓氏鱼身上发现的一些巨大伤口表明，邓氏鱼很有可能同类相食。

悲惨结局

曾经的盾皮鱼类非常多样化，而到了大约 3.5 亿年前，这类物种的多样化突然停止。那时生物大灭绝爆发（属于地质时代五次生物大灭绝之一），对脊椎动物影响极大。最新的研究表明，淡水生物和海水生物一样，在很大程度上受到了大灭绝的影响，有将近 75% 的物种消失。尽管如此，生物演化使得危机后生物的再次多样化成为可能。但一切都能变得和从前一样吗？并非如此，因为取得多样化发展的物种，并不是那些曾经占统治地位的物种，如盾皮鱼永远消失了，而鲨鱼开始多样化。

另见：21/ 旋齿鲨

艺术复原图中装备骨板的邓氏鱼，正在泥盆纪海洋中捕食。

牙形石 （5.4亿年到2.3亿年前）

世纪之谜

牙形石曾是古生物学领域最令人费解的奥秘之一。

身份证 19

学名：Conodonta
类群：脊椎动物，真牙形石
生存年代：5.4 亿年到 2.3 亿年前

尺寸：从几厘米到几十厘米
生存环境：海洋

19 世纪中叶，古生物学家发现了一类个体很小的化石，其最大尺寸为几十厘米，主要成分为磷酸钙。不过，古生物学家并不知道这类化石属于哪种动物。

在接下来的十年间，牙形石成为了古生物学领域最令人费解的奥秘之一。直到 1983 年，人们在苏格兰的一家博物馆被遗忘的一堆藏品中，找到了保存十分完好的化石，古生物学家才得以将这类生物复原。这是一种无颌脊椎动物，与七鳃鳗十分相似，身体细长，有两只大眼睛，身体上的肌肉呈人字形，有尾鳍和脊索。每只牙形动物大概有 15 颗牙齿，牙齿形状各异，大约位于咽喉前端。这些牙齿与古生物学家发现已久的牙形化石相吻合。于是，牙形石的奥秘就这样被揭开了。

确定地质年代的标准化石

牙形动物物种丰富多样，在古生代期间就有数千种。而牙形石的形态也五花八门，有的像带尖头的梳子，有的像带锥形的梳子，还有一些像带小齿或分叉的梳子。尽管古生物学家还不了解它们与其他生物的亲缘关系，但牙形石可以用来断定地质的地层年代。因为牙形石的形态发展非常迅速，并且从来都不重复过去的形式。所以，不同的牙形石拥有不同的地质特征，每一类牙形石都对应了一定阶段的地层年代。而通过分析牙形石化石的质地，便可以断定相应的地质层。

另见： 7/ 介形虫

扫描电子显微镜下观察的牙形动物牙齿（来自美国俄亥俄州矿层），图像经过着色。

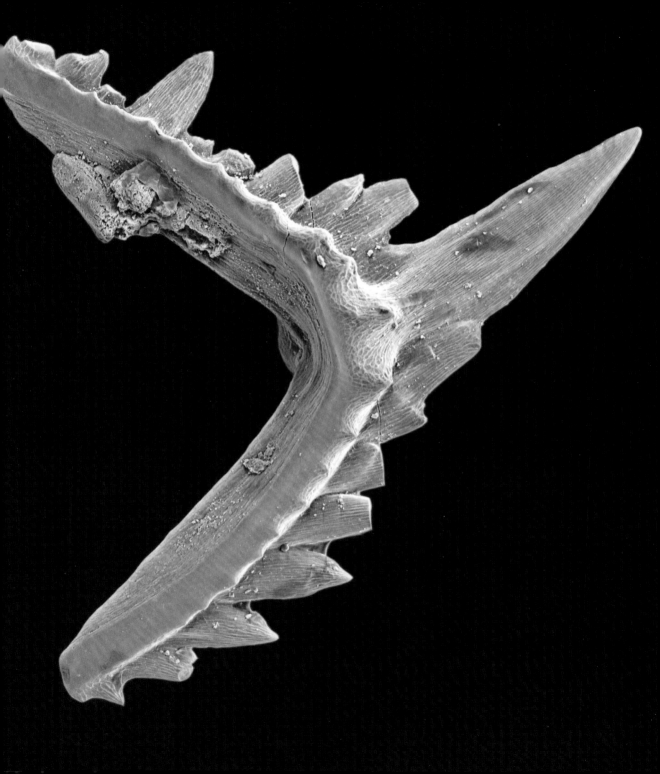

古马陆 （3.15亿年到2.8亿年前）

长达三米的巨型蜈蚣

古马陆是一种长达 3 米、宽为 50 厘米的巨型扁平蜈蚣。

身份证 20

学名：Arthropleura
类群：泛节肢动物，多足类
生存年代：3.15 亿年到 2.8 亿年前

尺寸：可长达 3 米
生存环境：海洋

包含蜈蚣在内的许多多足类动物，都很容易被识别。它们的形态具有明显的特征，有许多重复环节，每个环节上长有一对足。目前，现存的体形最大的双足类动物是非洲巨人马陆，体长可达 30 厘米。不过，化石的世界总能带给我们惊喜。例如古马陆，一种长达 3 米、宽为 50 厘米的巨型扁平蜈蚣，生活在石炭纪森林或潮湿的平原。它们的体形能够长得如此巨大，与当时的环境条件密不可分，它们所处的环境富含适合巨型生物体生长的氧气。古马陆是植食性动物，我们能知道这一点，是因为化石将古马陆胃里面的东西也保存了下来，古生物学家在里面发现了植物残留。

在二叠纪危机期间，古马陆灭绝了。主要原因是它们栖息地的退化，那时候自然气候变化导致环境变得更加干燥，对古马陆赖以生存的潮湿森林十分不利。

痕迹带来的启示

化石分为两大类：一类是生物的遗体化石；另一类是生活活动痕迹化石，比如移动痕迹、捕食痕迹和掩埋痕迹。甚至还有一门专门致力于研究痕迹的学科——化石足迹学。有些时候，生物有机体的化石并不完整，其痕迹化石反而更容易找到，古马陆便是这样的情况。它们最大的标本，是通过研究它们的移动痕迹才找到的。知道了这些痕迹，再通过精确分析，最终确定它们的有机体长达 3 米。在一些矿层中，我们还同时发现了大型两栖类动物的痕迹（如引螈），因此可以证明这类动物与古马陆有着共同的栖息地。

另见：23/ 鳞木，
24/ 巨脉蜻蜓

艺术复原图中穿过石炭纪森林的古马陆。

旋齿鲨 （2.9亿年到2.5亿年前）

带齿轮的鲨鱼

旋齿鲨的牙齿呈螺旋状排列，牙齿数量可达 150 颗！

身份证 21

学名：Helicoprion
类群：脊椎动物，软骨鱼，板鳃亚纲
生存年代：2.9 亿年到 2.5 亿年前

尺寸：最大标本可长达 7 米
生存环境：海洋

今天的鲨鱼群体基本上一致，而在鲨鱼历史初期，也就是古生代下半叶，情况却远非如此。

旋齿鲨是有史以来，发现的最奇怪的化石鲨鱼之一。它们的牙齿呈螺旋状排列，有点像卷起来的锯条，长度超过了 50 厘米，牙齿数量可达 150 颗！最早长出来的牙齿位于螺旋状最外面的部分，而新生牙齿则位于最里面。由于这种呈齿轮状排列的牙齿疑点太多，因此古生物学家也给出了许多不同的解释。不过到今天，疑问已经解开：旋齿鲨的齿轮位于下颌末端，几乎完全被皮肤包裹，只有几颗牙齿长在皮肤外，这些牙齿掉了以后，皮肤内的备用牙齿便会长出，这种现象在现今的鲨鱼中十分常见。

3D 成像

古生物学家可以在不切割化石的情况下看穿化石，这还要归功于现代成像技术，例如医学中使用的成像技术。目前最流行的便是 CT 扫描成像，通过利用医学扫描技术，古生物学家得以探索到化石的内部构造，并能够更直观地复原解剖结构。在对旋齿鲨的研究过程中，这项技术被用于复原旋齿鲨的下颌。研究人员通过 3D 重构，分析驱动旋齿鲨下颌肌肉的位置和大小，从而更好地了解旋齿鲨下颌的功能。不过，成像技术最主要的贡献之一还在于，研究人员发现旋齿鲨的牙齿保存完好，且没有裂缝，这表明这种神秘的鲨鱼食用的猎物身体柔软，极有可能是头足类动物。

另见：18/ 邓氏鱼，
39/ 鳐鱼

旋齿鲨极其著名的齿轮的艺术复原图。

盗首螈（2.55亿年前）

飞镖头

盗首螈的头部形状像极了用装甲武装的回旋飞镖。

身份证 22

学名: Diplocaulus
类群: 脊椎动物，游螈目
生存年代: 2.55 亿年前

尺寸: 可达 1 米
生存环境: 淡水生

在二叠纪晚期的淡水水域中，生活着一种迄今为止发现的最古怪的两栖动物之一：盗首螈。

盗首螈的头部十分惊人，因为其形状看起来像极了用装甲武装的回旋飞镖。这种形状是由它们头骨中的某些骨头的延伸产生的。盗首螈的眼睛位于头部十分靠前的地方，接近飞镖的顶端。它们的身体相对扁平，四条腿非常小，腿上长有蹼爪，游动的时候会将四条腿收起来贴在身上。

20 世纪中叶，基于大约 50 个不同的头颅长度（从 14~ 150 毫米）的盗首螈个体化石，古生物学家复原了盗首螈头颅的生长模型。其结果显示，尺寸小的样本没有两侧的延伸物。头颅尺寸超过 20 毫米时，骨头才开始向两侧延伸。因此，这些延伸有可能是在盗首螈生长过程中出现的。

头型有什么用处？

为什么盗首螈会演化出这样一种奇怪的形状？有观点认为，这种头型可以帮助其逆水游动，或者充当方向舵，通过仰头或低头，从而上升至水面或潜入水下；也有观点认为，这种头型是一种防御策略，因为这种形状加大了掠食者吞食的难度；又或者是两种观点都不对，而真相还有待进一步揭晓。另外，没有任何东西可以表明，这种回旋镖形状的头骨存在演化选择优势。不过，有时候没必要对每一个解剖学细节进行细致的推测和解释，因为有的解剖学结构可能并不具备任何功能，只要它们不构成障碍，就有可能在演化过程中一直保留，即使它们毫无用处！

另见: 25/ 引螈, **27**/ 鱼石螈

盗首螈艺术复原图，在二叠纪湖泊中游动，其极具特色的头部形状与回旋镖相似。

鳞木（3.5亿年前）
把自己当成树木的蕨类植物

多年来，古生物学家对鳞木这类物种的称呼五花八门。

身份证 23

学名：Lepidodendron
类群：常绿植物，有胚植物，石松门
生存年代：3.5 亿年前

尺寸：高度可达 35 米
生存环境：陆生，潮湿环境

石炭纪时曾出现巨大的石松植物，它们在整个古生代末期，在地球上占据着主导地位。古生物学家早在 19 世纪初，就在北美和欧洲的煤矿中发现了巨型石松植物，因而对此十分了解。

石炭纪时石松植物最高能超过 50 米，直径可达 2 米，其根系将树干完美地固定在土壤中，树干上没有中间分支，树干顶是树冠，呈遮阳伞状。

在石炭纪，欧洲和北美靠近赤道，覆盖着大量的热带沼泽森林，巨型石松植物便在那里生长。但是，到了古生代末期，这些森林却消失了。有些研究人员认为，石松植物的灭绝很可能与气候有关：气候变干旱，湿润环境相应减少。在今天，一些石松植物依旧存在，残存者仅为矮小的多年生植物，与苔藓接近，数量十分稀少，大约有 70 多种，处于被保护的状态。

五花八门的称谓

古生物学家有时候也会犯一些严重的错误。不过这也是可以理解的，因为要复原几亿年前就已经灭绝的，且没有现存的相近物种的生物，本身就是一种壮举。鳞木，巨型蕨类植物，就是一个典型的例子。多年来，古生物学家对这类物种的称呼五花八门：树干、鳞片、枝条、细枝、根、叶，甚至是孢子。古生物学家认为这些化石标本属于不同的物种，因此给它们起了不同的名字。但是到了后来，他们才认识到，这些所有的化石残存物都属于同一个物种，那就是鳞木。

另见：20/ 古马陆，
24/ 巨脉蜻蜓

鳞木的艺术复原图，鳞木在石炭纪形成的巨大蕨类森林。

巨脉蜻蜓（3亿年前）

有史以来最大的昆虫

地球上有史以来最大的飞行昆虫之一，其翼展可长达75厘米！

身份证 24

学名： Meganeura monyi
类群： 泛节肢动物，昆虫，蜻蜓目
生存年代： 3亿年前

尺寸： 翼展可达75厘米
生存环境： 陆生

　　现今，有很多昆虫都可以达到较大的尺寸，例如新几内亚的亚历山大鸟翼凤蝶，最大雌性蝴蝶的翼展可以达到25厘米；又如有的竹节虫可长达60厘米。不过，如果回到3亿年前的石炭纪，我们就会发现地球上有史以来最大、最令人印象深刻的飞行昆虫之一，它们的翼展甚至可长达75厘米！

　　这类昆虫叫作巨脉蜻蜓，是一种有两对翅膀的巨型蜻蜓。19世纪，人们在法国科芒特里的煤矿中，发现了巨脉蜻蜓的化石。该化石将巨脉蜻蜓的解剖结构细节完美地保存下来。巨大的眼睛和强大的下颚表明，对于其他昆虫来说，巨脉蜻蜓应该是一个强大的捕食者。它们飞行在石炭纪，靠近湖泊和河流的湿润森林中。现如今，它们曾经占据主导的生活环境，已被其他空中捕食者——鸟类和蝙蝠占领。

氧气的作用

巨脉蜻蜓的体形为何如此巨大？这个问题还在研究中。一些研究人员认为，这与当时大气中的氧气含量很高有关，高含氧量为巨型生物的生长提供了条件。不过，最新发现的样本表明，有些巨脉蜻蜓生活在低含氧量时期，因此上述推测受到质疑。最近，研究人员又提出另一种观点，认为较低的含氧量对这种生物并不会致命，只不过会让它们不如之前那么活跃。而这些"飞行巨人"的能力降低，可能会为其他物种的发展提供机会，并与之形成竞争。由此看来，巨大体形的灭绝不一定是环境变化的结果，而有可能是因为竞争对手的发展。

另见：20/ 古马陆，
23/ 鳞木

艺术复原图中的巨脉蜻蜓，日出时分，停留在蕨类森林的植物上。

引螈 （2.9亿年前）

大如鳄鱼的两栖类动物

引螈的眼睛位于长头的后部，与现在的鳄鱼有惊人的相似之处。

身份证 25

学名：Eryops   尺寸：可达 3 米
类群：脊椎动物，离片锥目   生存环境：陆生
生存年代：2.9 亿年前

    现如今，两栖动物是一个多样化并且十分丰富的群体，由有尾类（如蝾螈和北螈）和无尾类（如青蛙和蟾蜍）组成。它们在陆地和淡水水生环境之间过着双重生活。它们的身体尺寸不大，最大的物种为日本大鲵，体长可达 2 米。

    不过最初的两栖动物则完全不同，例如，在得克萨斯州沉积岩中发现的引螈，令人印象深刻。它们适应了从水生环境到陆地环境的转变，其身长可达 3 米，重量几乎接近 100 公斤！它们拥有异常粗大的骨骼和健壮的腿部，足以在陆地上支撑其体重。它们头骨巨大，下颌上有许多尖齿。此外，它们的眼睛位于长头的后部，与现在的鳄鱼有着惊人的相似之处。它们生活在潮湿的环境中，靠近湖泊和河流，在那里，它们是令人生畏的捕食者。

非凡的牙齿

为适应肉食生活的方式，引螈演化出了一种十分厉害的牙齿结构，它们拥有宽大的嘴巴（最宽可达 15 厘米），里面长着许多尖锐的牙齿，具有非凡的抵抗能力。它们的颌部被许多细小、尖锐，且向后弯曲的牙齿完全覆盖，这种结构可以让引螈牢牢咬住滑溜的猎物，比如鱼类。同时，这套牙齿装备还可以让引螈在进食过程中，将猎物逐步推送到嘴巴内，因此被捕获的鱼是不可能逃脱的。在今天，有些物种保留了类似的解剖结构，由此可见，这种捕捉和吞咽猎物的结构，是一种非常有效的适应。

另见： 22/ 盗首螈

艺术复原 3 亿年前生活在石炭纪沼泽中的引螈。

矛尾鱼 （超过3.8亿年）

传奇动物

矛尾鱼的形态虽为鱼类，但却是四足类动物的近亲。

身份证 26

学名：Latimeria
类群：脊椎动物，腔棘鱼类
生存年代：已知超过 3.8 亿年

尺寸：高达 1.5 米
生存环境：海洋

矛尾鱼是海洋中最传奇、最神秘的动物之一。3.8 亿年来，矛尾鱼演化出了许多不同的物种，但形态大致相似，粗大的身体，颜色呈蓝灰色，身上有白斑点，体长可达 1.5 米。

作为非常厉害的捕食者，矛尾鱼的鱼鳍极具特色，尤其是胸鳍和腹鳍。它们的鱼鳍与传统鱼类不同，其结构与四足类动物（长有四肢，可在陆上行动的脊椎动物）更加接近。鱼鳍和单根骨头通过关节连接，具有较大的活动性，这种连接方式被称作单基关节。可以说，即使矛尾鱼生活在海水中，但它们的鱼鳍已经演化出肢体的雏形。而这类演化的改变（单基关节的出现）将推动四足动物的诞生。

最近，科学家又在矛尾鱼身上发现了新的秘密：在调节水中浮力的器官——鱼鳔中发现了肺的痕迹。由此看来，矛尾鱼的形态虽为鱼类，但却是四足类动物的近亲。

在很长一段时间内，科学家对矛尾鱼的了解，仅限于 3.8 亿年到 7000 万年前留下来的化石标本，并把它们列为已灭绝物种。但在 1938 年，一位南非渔民捕获了一条形态和矛尾鱼化石十分相似的鱼。当时，担任南非东伦敦博物馆馆长的娜汀梅·拉蒂曼在市场上发现了这条鱼，她深知这次收获的重要性，并把这条鱼送往伦敦进行研究。鱼类学家詹姆斯·斯密斯将其和矛尾鱼化石进行对比，并将这类鱼命名为"拉蒂曼鱼"（又称矛尾鱼），以纪念娜汀梅·拉蒂曼。最近，人们又在印度尼西亚发现了这类种群的第二个存活物种！

另见：27/ 鱼石螈

印度洋海域，科摩罗群岛附近发现的矛尾鱼。

鱼石螈（3.6亿年前）
陆地上的新客

3.9亿年前，脊椎动物的鱼鳍演化成肢体，使它们得以登上陆地。

身份证 **27**

学名：Ichthyostega
类群：脊椎动物，鱼石螈
生存年代：3.6亿年前

尺寸：约1米
生存环境：水陆两栖

自5.3亿年前，脊椎动物在水生环境中已经生活了将近1.4亿年。在3.9亿年前，一次伟大的变革发生，导致它们的鱼鳍演化成肢体，使它们得以登上陆地。

最初，鱼鳍和身体之间出现了新的连接方式，即鱼鳍通过单根骨头和身体连接，这种方式使鱼鳍有了更多的自由活动性。到了3.6亿年前，长达1米的脊椎动物，身体虽然还保留着鱼的形状，但已经演化出既能适应水生环境，又能让其偶尔在陆地上行动的肢体。在格陵兰岛岩石中发现的著名的鱼石螈便是如此。

最新研究表明，鱼石螈的移动方式可能类似于海豹，只使用后肢移动。根据一定推测，它们登陆行走的出现是渐进式的。从此，这类全新的脊椎动物登上大陆，来到了一个被植物和节肢动物占领的生态系统，并迅速发展起来，同时给这个生态系统带来了巨大的影响。

登陆

3.6亿年前，脊椎动物开始登上陆地。一切皆有待重新验证：用于行动的肢体，身体的湿润系统，甚至是繁殖方式。那么为什么会出现如此复杂的演化？脊椎动物安安静静待在水里生活，不是更简单吗？早期的理论认为，有些生物往这个方向演化，是为了从一个干涸的水塘移动到另一片水域。而今天，科学家们则认为，适应陆地生活可能与食物有关。3.6亿年前，植物和无脊椎动物在大陆上广泛分布，非常多样化，对于这些来自水中的新捕食者来说，是非常丰富的食物资源。

另见：25/ 引螈，
26/ 矛尾鱼

鱼石螈艺术复原图，它们是最早的陆地脊椎动物之一。

繁荣时期

2.5 亿年前，地球上出现了最大规模的生物灭绝，这是一个从古生代到中生代过渡的中间阶段。这期间，地球上几乎所有的物种都已灭绝，几乎所有的生命形式都消失殆尽。但幸运的是，并非全部！随之而来的，是生命体创新力的复兴。在演化作用下，恐龙、鸟类、哺乳动物，还有花朵——诞生。从茫茫大海到苍茫大陆，这是一个新的多样化世界。早在古生代生命大爆发初期，出现的一些物种还会继续多样发展，例如软体动物和棘皮动物。脊椎动物也在不断演化，且产生了新的形式，如蜥脚类恐龙，这类巨型植食动物已经超出了我们的想象。

————————————

马约特岛海域珊瑚礁上的海葵（印度洋）。

菊石 （4亿年到6500万年前）

软体动物中的数学家

菊石的壳体呈完美的旋卷形，其形态变化没有任何逻辑规律。

身份证 28

学名：Ammonoidea
类群：软体动物，头足类，菊石目
生存年代：4 亿年到 6500 万年前

尺寸：成年直径可达 2 米
生存环境：海洋

　　菊石（因其表面通常有类似菊花的线纹，因此被命名为菊石），头足类软体动物化石，曾广泛分布于古生代和中生代海洋中。绝大多数菊石的壳体呈完美的旋卷形，还有一些呈螺卷、直壳或其他形状，这些形态变化没有任何逻辑规律。菊石壳体以文石（类似方解石的碳酸钙）为主要成分，壳体分为两个部分：一部分有隔壁，用于增加浮力；另一部分没有隔壁，供动物体栖居，动物体可能与现在的章鱼相似。菊石外壳有着不同类型的装饰，如线纹、瘤、刺等，这些装饰可用来区分不同物种。

　　一些侏罗纪的菊石特别神秘。它们的壳体边缘有一系列向外凸起的缺口，数量为 10~15 个左右，有的不太明显，但有的特别凸出。这些缺口呈圆形或正方形，类似于城堡的城垛，而它们的功能是什么呢，至今依然无人知晓。

致命的灭绝

经过 3.35 亿年的演变，菊石最终在白垩纪末期的大灭绝期间全部绝迹。灭绝阶段始于多样性的减少，持续了 4000 万年后，直至全部消失。灭绝原因尚不清楚，有可能与陨石撞击和密集火山爆发所造成的环境变化有关。不过，同一时期生活的外壳头足类动物——鹦鹉螺却并未灭绝，且存活至今。与之对比，菊石消失的原因就更加令人费解了。而且，值得注意的是，2.52 亿年前，在那次前所未有的二叠纪至三叠纪大灭绝事件的巨大冲击下，菊石也是受害者，但并未全部灭绝。

另见：29/ 蓝圈章鱼，
31/ 固着蛤，**53/** 乌贼

菊石外壳化石，具有条纹装饰和完美的几何螺旋形。

蓝圈章鱼 （至今1.6亿年）

死亡之吻

蓝圈章鱼分泌的神经毒素，对于掠食者来说是一种致命的防御武器。

身份证 29

学名: Hapalochlaena fasciata
类群: 软体动物，头足类，蛸亚纲
生存年代: 已知至今 1.6 亿年

尺寸: 身长 5 厘米，腕足长 10 厘米
生存环境: 海洋

想知道章鱼是在何时诞生的，其实并不容易。不过在 20 世纪 80 年代，在法国罗讷河畔拉武尔特发现的一种特殊化石告诉我们，至少在 1.6 亿年前，地球上就已经有章鱼了。

蓝圈章鱼便是其中的特殊代表。它们的身体布满鲜艳的蓝色环纹。与其他章鱼一样，身体由头部和八只腕组成。如今，蓝圈章鱼主要分布在澳大利亚东部，其他相近的物种则分布在菲律宾、印度尼西亚或新几内亚。它们主要生活在 30 米深的岩石海床上，以贝类为食。

与其他头足类动物一样，章鱼也是雌雄异体。雄体具有一条特殊的腕，可以充当生殖器官。在交配时，雄体会将这条腕伸入雌体内，将精子植入靠近卵子的地方。雌体携带受精卵，将其挂在腕足根部的膜上。待幼体孵出时，其形状已经和成年章鱼相似，并将迅速适应成年章鱼的生活方式。

令人生畏的猎手

章鱼有发达的唾液腺，有时会分泌神经毒素。它们通过啃咬猎物，注射毒素，使其瘫痪。例如，当章鱼捕食螃蟹时，一旦螃蟹中毒瘫痪越快，就越来不及自我保护，也无法用钳子伤害章鱼。蓝圈章鱼分泌的神经毒素十分强大，对于掠食者来说，这是一种致命的防御武器。在 20 世纪 50 年代，澳大利亚发生了一起致命的咬伤事件。一名男子将蓝圈章鱼当作奖杯放在自己的肩膀上。当他把章鱼放回水里时，章鱼咬了他一口。而这小小的一口，却导致该名男子恶心、呕吐，直至最后因呼吸停止而死亡。

另见: 28/ 菊石，
59/ 大王乌贼

在印度洋(印度尼西亚安汶) 内游动的大蓝圈章鱼(Hapalochlaena lunulata)。

海百合 （至今4.8亿年）
海底盛开的鲜花

海百合看上去就像根植于海底的植物，但其实是名副其实的动物。

身份证 **30**

学名：Crinoidea
类群：棘皮动物，海百合
生存年代：已知至今 4.8 亿年

尺寸：最大可达几十厘米
生存环境：海洋

海百合极具魅力，其外观类似根植于海底的植物，但其解剖结构分析证明了它们其实是名副其实的动物，更确切地说是棘皮动物，如海胆或海星。正因为它们长得像植物，所以科学家常用植物解剖学术语来描述海百合，例如"根"和"茎"。

海百合出现在奥陶纪初期，身体由长茎（被称为"柄"）、躯干（被称为"萼"）和躯干上的腕组成。最早一批海百合常年在海底生活，形成了一片真正的水下草地。它们经历了多次生物危机，不过其结构基本没有重大变化。但大约在 1.5 亿年前，在侏罗纪，逐渐出现了一种可以自由移动的物种。在今天，我们将这一类海百合称为海羽星。海羽星在成年状态下可以自由游动，而且它们的茎会慢慢缩短退化。这有可能是它们为了逃避捕食者，而找到更优生活环境的演化策略。

现在，大多数海百合纲动物属于海羽星类，而存活下来的有柄海百合物种仅生活在深海。

五辐射对称

海百合的钙质骨架由许多分段结构组成，这些结构表明海百合具有棘皮动物典型的五辐射对称。海星和海胆五辐射对称结构十分容易辨认，而海百合的却不那么明显，不过它们的茎，确实可以摆成五角星形状。曾经数以百万计的海百合个体生活在一起，将海底完全覆盖。在法国勃艮第发现的厚达 10 米的石灰岩，便足以见证它们曾经的繁盛。这些被开发出来用于建筑施工的岩石，几乎全部由海百合的细小分段骨骼组成。因此，我们将这些岩石命名为"海百合石灰岩"。

另见：33/ 海胆，
55/ 楯海胆

太平洋中五彩斑斓的海百合（巴布亚新几内亚）。图中还可以看到没有骨骼的粉红色珊瑚。

固着蛤 （1.6亿年到6500万年前）

群生软体动物

在中生代时，固着蛤曾建造出了令人惊叹的巨大礁体。

身份证　31

学名：Hippuritoida　　　　尺寸：个体为厘米级，礁体可达数十米
类群：软体动物，双壳类　　生存环境：海洋
生存年代：1.6 亿年到 6500 万年前

　　在中生代晚期，更确切地说是在白垩纪，软体动物的礁体取得了辉煌的发展，尤其是一种被称为固着蛤的双壳类软体动物，它们在中生代的赤道水域大建礁体。固着蛤生活的环境，还有珊瑚和藻类等物种，后者如今主要生活在 0~20 米深的海域，因此可以证明固着蛤同样生活在浅层海域。

　　在白垩纪的海洋中，固着蛤礁体和珊瑚礁共存。固着蛤的解剖结构十分奇特，它们虽属于双壳贝类（如贻贝或牡蛎），但它们的解剖结构与双壳贝类的经典结构却相差甚远。固着蛤的两片壳通常不是完全对称的，一壳将另一壳盖住，形成一根坚固的圆柱，包裹着固着蛤的身体。固着蛤演化出了强有力的肌肉组织，足以打开或关闭厚厚的外壳，以便过滤水和进食，同时也为了防御捕食者。

永远消失

牡蛎礁体曾经主导了世界各地的河口，几千年来助力于沿海经济和文明的发展。但经过几个世纪的开采和海岸的退化，导致牡蛎礁体几近灭绝。目前，据科学家估计，有超过 85% 的牡蛎礁已经在世界上消失。在中生代时，固着蛤演化出了足够坚硬的外壳，同时它们大量堆积生活在一起，建造出了令人惊叹的巨大礁体。这类结构在白垩纪晚期，生命灭绝危机中完全消失，而在这之后，再也没有双壳类动物可以建造出如此巨大的礁体了。

另见：16/ 石燕，**28/** 菊石

马尾蛤（固着蛤的一种）粗大的外壳（上白垩统标本，法国夏朗德）。

多头绒泡菌（现存物种）

既非蘑菇，也非植物，更不是动物

多头绒泡菌有解决问题的能力，因此它们具有某种智慧。

身份证 `32`

学名：Physarum polycephalum
类群：黏菌
生存年代：现存物种

尺寸：最大可达 10 平方米
生存环境：陆生

    多头绒泡菌通常生长在灌木丛中，在树上形成一个呈黄色的巨大斑块，宽度可达几平方米。这还不够令人震撼？不！要知道，这种生物只有一个细胞！而且它们可以移动，还可以向上爬行取食（速度快达 4 厘米 / 小时）。它们主要以蘑菇为食，蘑菇被其覆盖，最终被消化。

    多头绒泡菌的外文名"Blob"取自同名电影《变形怪体》，电影中描述了一种想象中的外星生物，这种奇特而又神秘的生物可以将身体扩大，并吞噬遇到的人类。

    多头绒泡菌既不是蘑菇，也不是植物，更不是动物，而是黏菌的一种。最新的生物分子研究结果证明，黏菌是一个独立的类群。当食物资源耗尽时，它们开始繁殖。更加不同寻常的是，如果缺水，它们会变得干涸，但不会死亡。这时候，如果再给它们几滴水，它们便可以重新生长。如果将它们切成两段，它们也不会死亡，而是分裂成两个独立的个体。相反，如果两个多头绒泡菌相遇，它们会融合成单个个体。

单细胞生物的智慧

多头绒泡菌有解决问题的能力，因此它们具有某种智慧。研究人员将它们放到迷宫中，它们可以找到迷宫的出口。如果把食物放在离它们较远的地方，它们可以向外生长扩散，以最快的速度找到食物。它们的解决方式不仅高效，而且还建立了一种网络，可以通过不同路径抵达食物，即使其中一条路径断裂，还有备选方案。最神奇的是，它们可以通过合并传递知识，例如在搜寻食物的过程中，能够规避有害物质。

另见：4/ 有孔虫，
77/ 蜜环菌

实验室琼脂凝胶上培育出的多头绒泡菌（直径约 10 厘米）。

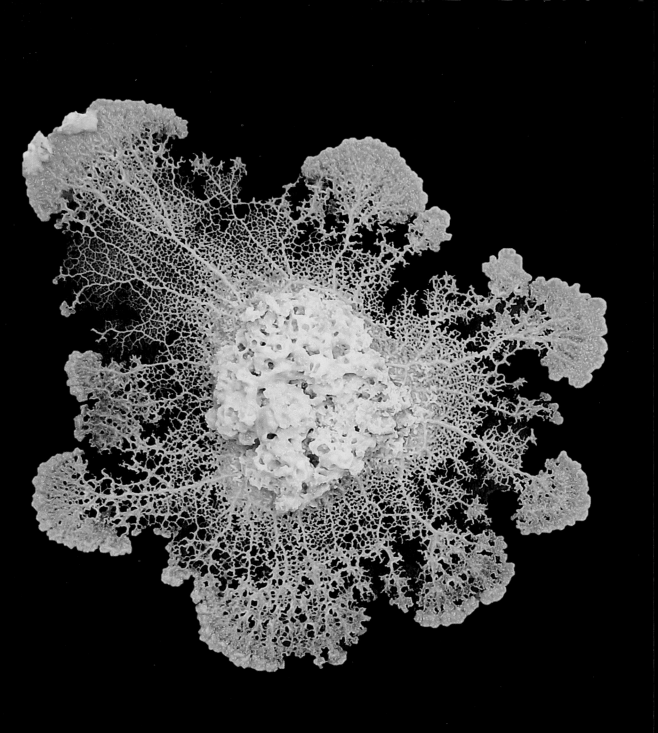

海胆（4.5亿年）
并不尖锐的尖刺

"规则"海胆的胆壳呈球形，而"不规则"海胆则形状多样。

身份证 33

学名： Echinoidea
类群： 棘皮动物，海胆纲
生存年代： 已知 4.5 亿年

尺寸： 最大可达 20 ～ 30 厘米
生存环境： 海洋

海胆是沿海地带最有名且最迷人的动物之一。它们的身体呈球状，身上长有刺（被称为"棘"），有的刺甚至是彩色的，很容易被识别。它们的解剖形态为辐射对称，具有五个相同的结构，与之类似的近亲还有海星。

"规则"海胆的胆壳呈球形，壳面生有大量尖刺，在浅海床和深海床均有分布。而"不规则"海胆则形状多样，多在沙中穴居，且刺小或完全退化。有的规则海胆长有尖利的刺，摸一下就会被刺到，但也有不刺人的海胆。虽然这些物种的刺很长，但并不锋利。这类刺有不同的形状，有的刺顶端呈球形，有的呈锭子状，还有的像铅笔。今天，科学家认为海胆的刺之所以演化出这些形状，是为了确保其在水流中的稳定性。

生活在两个世界

海胆的演化具有惊人的独特之处。规则海胆大约出现在 4.5 亿年前的古生代早期，并在海洋中独自统领海胆王国，一直到侏罗纪早期，也就是 1.9 亿年前。到这个时期开始出现了不规则海胆，它们由规则海胆演化而来，并适应了海洋沉积物中的沙土生活环境，而这类环境是规则海胆不会触及的。所以，两种海胆生活在不同的世界，互不竞争。这便是生命多样化自然演化的一个美妙例子！而今天，不规则海胆已经达到了海胆物种的一半以上。

另见：30/ 海百合，
55/ 楯海胆

铅笔海胆，具有粗壮如铅笔的刺，刺顶呈圆形（埃及红海）。

蛇颈龙 （2.09亿年到1.74亿年前）

长鳍的爬行动物

蛇颈龙统治着 2 亿年前侏罗纪初期的海洋，是名副其实的海中霸主。

身份证 34

学名：Plesiosaurus
类群：脊椎动物，蛇颈龙
生存年代：2.09 亿年到 1.74 亿年前

尺寸：长达 14 米
生存环境：海洋

　　不得不承认，蛇颈龙是一种非常奇怪的"爬行动物"，它们头小、颈长，还长着像船桨一样的四肢。蛇颈龙的物种数量多达 100 多种，它们统治着 2 亿年前侏罗纪初期的海洋，是名副其实的海中霸主。而后，在 6500 万年前白垩纪末期的大灭绝事件中灭绝。蛇颈龙牙齿细长且呈锥形，特别适合撕咬猎物（鱼类或头足类动物），而且有的长牙甚至突出在颌部外，使它们可以在嘴巴闭合的情况下，咬住较大的猎物。

　　蛇颈龙四肢由多块小骨组成，被包裹在皮肤下面，犹如四只划船的桨。通过计算机建模仿真技术，人们得以了解到蛇颈龙四肢的运动方式，这是一种十分高效的水下移动模式。而且这项研究表明，蛇颈龙通过摆动后肢，就可以在水中轻松游动，与今天的企鹅和海龟有几分相似之处。

化石爱好者

蛇颈龙的发现与英国古生物学家玛丽·安宁（1799 — 1847 年）的故事密切相关。玛丽·安宁生活在英国南部多塞特郡的莱姆里杰斯，是化石的超级爱好者。她总是不知疲倦地收集化石，在不计其数的化石中，发现了第一个蛇颈龙的完整骨架。她的这一发现，对认识化石有着巨大的贡献。在那个年代，人们并不认为化石是古代生物遗留下来的痕迹和生命演化的证据。玛丽·安宁做出了不亚于当时专业的古生物学家的研究成果，并推动了化石成为生物演化的重点研究对象。从此，化石研究成为了解地球生命历史过程中不可缺少的一环。根据玛丽·安宁的故事，美国作家特蕾西·雪佛兰创作了小说《与化石打交道的女孩》。

另见： 35/ 长颈龙

艺术复原图中用鳍脚游动的蛇颈龙。

长颈龙（2.3亿年前）

海中长颈鹿

长颈龙颈部的长度是身体其他部位的两倍！

身份证 35

学名： Tanystropheus
类群： 脊椎动物，原蜥形目
生存年代： 2.3 亿年前

尺寸： 最大可达 6 米
生存环境： 海洋或陆地

在三叠纪的海洋中，生活着有史以来最奇特的脊椎动物之一：长颈龙。这是一种神秘的灭绝物种，它们颠覆了人们对生物力学的认识。长颈龙最令人惊叹的解剖特征是极长的颈部，长度是身体其他部位的两倍！长颈龙的颈部只有大约十块又细又长的脊椎骨，因此不是很灵活。基于这些异于寻常的解剖特征，科学家对长颈龙的生活方式给出了诸多不同的解释。

20 世纪初期，人们认为长颈龙是一种陆地巨蜥，生活在水边，颈部贴近地面，只能水平移动，可以在岸边捕捉水中的鱼类。到了 20 世纪 70 年代，人们又认为长颈龙生活在海水中，以鱼类和菊石为食。而最近，一些专家则认为，长颈龙生活在靠近海岸的浅水区，长脖子可以伸出水面，捕食岸边的生物。

生物力学

有时我们需要通过生物力学，去解释化石物种的生活方式。例如长颈龙，通过对其颈部组织结构和脊椎骨数量的分析，可以得知它们的颈部灵活性不强，做不出灵活的动作。长颈龙颈椎下面有大型骨头延伸组织，这可能是颈部强大肌肉的附着点，而强壮有力的肌肉是它们的长颈得以移动的保证。最新发现的长颈龙标本，再一次掀起了人们对长颈龙演化原因的讨论。有研究人员认为，这种独一无二的特征，赋予了长颈龙更强大的呼吸功能，有利于其捕食水里的食物。对于化石爬行动物，这是一种前所未有的进食方式。

另见：34/ 蛇颈龙

长颈龙，海洋中的长颈鹿。艺术复原图中的表现形式（伸出水面的脖子）仍存在争议。

鲟鱼 （至少2亿年）

水下吸尘器

鲟鱼能产出一种黑色的金子——鱼子酱。

身份证 36

学名：Acipenser	尺寸：最大的鲟鱼还从未被钓到，
类群：脊椎动物，软骨硬鳞鱼	其长度可达 8 米
生存年代：已知至少 2 亿年	生存环境：水生

　　鲟鱼是一种能让人联想起史前怪物的大型鱼类，它们能产出一种黑色的金子——鱼子酱，即雌性体内取出的卵子。鲟鱼属于软骨硬鳞鱼，最典型的识别特征是它们的"胡须"，即触须。如今，鲟鱼的种类并不是很丰富，只有不到 30 种，主要生活在淡水湖泊和大江大河中。不过，它们生命周期中的一部分需在河口区或三角洲区度过。

　　鲟鱼身体细长，没有鳞片，但长有五行骨板，分布于背部、侧面和腹部。它们的吻呈扁平状，口位于腹面，鼻子略微上翘。鲟鱼的捕食方式十分奇特，它们会用鼻子搅动水底的泥沙，通过触须探测猎物，然后再咀嚼猎物吗？完全不是！因为鲟鱼没有牙齿！它们只会将嘴巴伸长，然后吸食猎物。

　　在今天，由于过度捕捞和自然环境的变化，鲟鱼物种受到威胁。仅在欧洲，还生活着少数稀有野生品种……

别混淆了！

软骨硬鳞鱼的演化历史曾经欺骗了很多科学家，它们的骨骼为软骨性，下巴非常短。这两个特征很容易让人联想到鲨鱼、鳐鱼和银鲛，后者全部归类于原始软骨鱼类。

因此长期以来，人们将软骨硬鳞鱼、鲨鱼、鳐鱼和银鲛归为同一个类群。直到后来研究人员发现，拥有这种共同的特征，不是因为它们有共同的祖先，而是演化的一种偶然性。

另见：21/ 旋齿鲨，
39/ 鳐鱼，**96/** 银鲛

从下面拍摄的鲟鱼（拍摄于法国拉罗谢尔水族馆）。

飞鱼 （约6000万年）

400 米空中冲刺

飞鱼演化出了两对鱼鳍，这使它们变成了真正的双翼滑翔机。

身份证 37

学名：Exocoetidae
类群：脊椎动物，硬骨鱼
生存年代：已知约 6000 万年

尺寸：可达 45 厘米
生存环境：海洋

一般来说，鱼是在水里游的，但有的鱼却会飞！这种会飞的鱼就叫飞鱼。飞鱼大约有 50 个物种，几乎所有的海域均有分布。这类鱼以浮游动物，即微生物动物为食。

演化使飞鱼的身上出现了奇怪的演变：胸鳍结构的改变和尺寸的增加，使它们能够跳出水面，并能在回到水里之前，在空中滑翔一段时间。有的飞鱼物种甚至演化出了两对鱼鳍，这使它们变成了真正的双翼滑翔机。这种有意思的鱼还积累了不少纪录，例如空中滑翔最长时间超过 40 秒，空中滑翔最长距离可达 400 米。它们在空中旋转、上升或下降，飞翔速度可达 70 千米 / 小时，勇敢者甚至可以飞到 8 米高！为什么它们会演化出飞行技能？这依然是一个谜。不过这种演化策略很有可能是为了帮助它们逃避捕食者，如海豚、金枪鱼或鱿鱼。

演化重演

演化产生了具有相同功能的解剖特征。在大多数情况下，不同生物会具有相同的特征，是因为它们是近亲物种，例如所有哺乳动物都有乳头。而在某些情况下，演化会上演重复的戏码，不同物种会演化出相似的特征，这种现象被称为趋同演化。飞鱼就是一个很好的例子。鱼类飞行的发明者并不是飞鱼，而是另一种与飞鱼没有任何亲缘关系的鱼类，这种鱼类早在 2.4 亿年前就学会了飞行。最近在中国发现的一些精美绝伦的化石便是证明。

另见：56/ 海马，
91/ 鲛鳒鱼

秘鲁沿海海域的飞鱼。

藤壶（至今5.2亿年）

不同寻常的甲壳类动物

蔓足纲动物分泌出来的胶体，可以在水中凝固。

身份证 38

学名：Cirripedia
类群：泛节肢动物，颚足纲
生存年代：已知至今 5.2 亿年

尺寸：最大可达 10 厘米
生存环境：海洋

甲壳类动物中有一类群体十分奇特，其形状超乎了人类的想象，比如蔓足纲动物，其中的藤壶、鹅颈藤壶便是十分典型的例子。

所有的蔓足纲动物均固着生活，有些物种有肉柄（延伸呈蔓状），还有一类可以分泌出蛋白质胶，这种胶至今让研究人员感到惊讶。有些物种附着在海边的岩石或贻贝上，过着定居生活；而有些物种则固定在船体或鲸鱼身上，游历世界各地。

作为甲壳类动物中的一员，它们更像是贝类。藤壶体表有浅白色的小外壳，由活动盖板组成，可以开合，以便其伸出形似蔓草或触须的手臂（被称为"蔓足"），捕食细微颗粒。蔓足纲动物分泌出来的胶体，可以在水中凝固，并将其固定在基质上。最近，科学家发现这种胶体含有一种酶，这种酶与可凝结人血的酶相似。船主们无疑对这一结果非常感兴趣，因为大量附着在船体的藤壶，会导致油耗上升不少。或许，这些研究成果还可以应用到人类的生物技术领域，比如用来制造黏合骨骼的胶水。

达尔文的功臣

19世纪，通过对藤壶幼体的研究，科学家得以对其进行重新分类。由于它们的幼体与传统甲壳类动物十分相似，因此蔓足纲动物被划分到甲壳类。法国著名生物学家让-巴蒂斯特·拉马克在观察成年藤壶（尤其是它们的"贝壳"）的情况下，错将它们划分为贝类动物。

到了19世纪中叶，查尔斯·达尔文对这类物种展开了多年细致的研究，为他后来提出的演化理论奠定了坚实基础。

另见： 7/ 介形虫

螃蟹壳上的藤壶（法国）。

鳐鱼 （至今1.75亿年）
海中滑翔机

鳐鱼属于具有第六感的水生生物，这种第六感被称为电感。

身份证 39

学名：Batoidea
类群：脊椎动物，软骨鱼，板鳃亚纲
生存年代：已知至今 1.75 亿年

尺寸：胸鳍展开可达 7 米
生存环境：水生

它们在水中如波浪一般轻轻摆动着胸鳍，就像天空中飞翔的滑翔机……

鳐鱼群体的种类非常丰富，有超过 600 多个物种，分布在海洋或少数淡水水域。它们是鲨鱼的近亲，具有软骨骨架，是不同骨骼骨化的鱼类；它们的身体扁平，胸鳍宽大，形似双翼；它们的眼睛在背侧，嘴巴在腹面。

鳐鱼属于具有第六感的水生生物，这种第六感被称为电感。鳐鱼的身上有一个类似于电场探测器的特殊器官，这个器官可以让它们在浑水或黑暗中航行。我们在鲨鱼、海豚还有许多其他鱼类的身上，也发现了这种第六感功能。最新研究表明，这种功能是从现有脊椎动物共同的祖先身上继承而来，这个祖先在 5 亿年前就有了电的感知能力！

有趣的牙齿

鳐鱼演化出了一套非常奇特的牙齿系统，它们一生都在长牙齿，而且牙齿会因物种不同、进食习惯不同而各异。有些物种拥有数百颗小牙齿，平行排列在颌部；而有些只有一排牙齿，位于嘴部中间，每颗牙齿都很大，呈扁平状，且十分坚硬，方便其捕捉猎物，尤其是很硬的猎物，如有外壳的软体动物；还有一些只有近乎退化的小牙齿，并不具备任何功能，这类鳐鱼主要以浮游生物为食。

另见：21/ 旋齿鲨，
96/ 银鲛

夜间捕食浮游生物的鳐鱼群（墨西哥，下加利福尼亚，科尔特斯海，圣埃斯皮里图岛）。

玛塔蛇颈龟 （至今2.1亿年）

伪装的乌龟

玛塔蛇颈龟可以完美地将自己隐藏在所处的环境中。

身份证 40

学名：Chelus fimbriata　　　　尺寸：45 厘米
类群：脊椎动物，龟鳖目　　　　生存环境：淡水
生存年代：已知至今 2.1 亿年

　　乌龟拥有能保护柔软身体的甲壳，所以极易识别。它们已经在地球上生活了约 2.1 亿年。

　　南美洲特有的一种乌龟十分奇特，它们便是玛塔蛇颈龟，甲壳由显示生长纹的骨板组成，骨板呈三条规则纵列分布。骨板顶端向上突起，呈金字塔形。玛塔蛇颈龟的脖子很长，三角形的头部上有形似蠕虫的肉质突起。许多乌龟都有角质喙，而玛塔蛇颈龟却没有，不过它们带鼻孔的鼻子十分明显。它们的大嘴边上长着两根触须，可以用来探测周边环境的细微动作。

　　玛塔蛇颈龟的一生几乎都生活在水中，雌性只在产卵期间登上河岸。小玛塔蛇颈龟要长到五岁才完全成熟。据估计，野生玛塔蛇颈龟的寿命一般为 10 年左右，而人工饲养的玛塔蛇颈龟寿命可达 15 年。

伪装者

玛塔蛇颈龟生活在水流相对静止、停滞的淡水水域，一般为沼泽地带。在面对它们的猎物——软体动物、两栖动物和鱼类，以及它们的捕食者，以蛇类为主，这类不可思议的乌龟演化出了一种与众不同的技能。它们的脖子可以扩大，以便将猎物完全生吞下去；它们可以静静地藏在泥泞的水底，一待就是几个小时；它们的外壳上偶尔覆盖着水藻，形似树皮；它们的头部有肉质突起，形似枯叶。它们可以伸出长脖子，把鼻子留在水面上，以便于呼吸。因此，它们可以完美地隐藏在所处的环境中。这是一种十分巧妙的能使玛塔蛇颈龟成为一位高明伪装者的演化策略。

另见：54/ 雕齿兽，
86/ 豹变色龙

鼻子清晰可见的玛塔蛇颈龟。

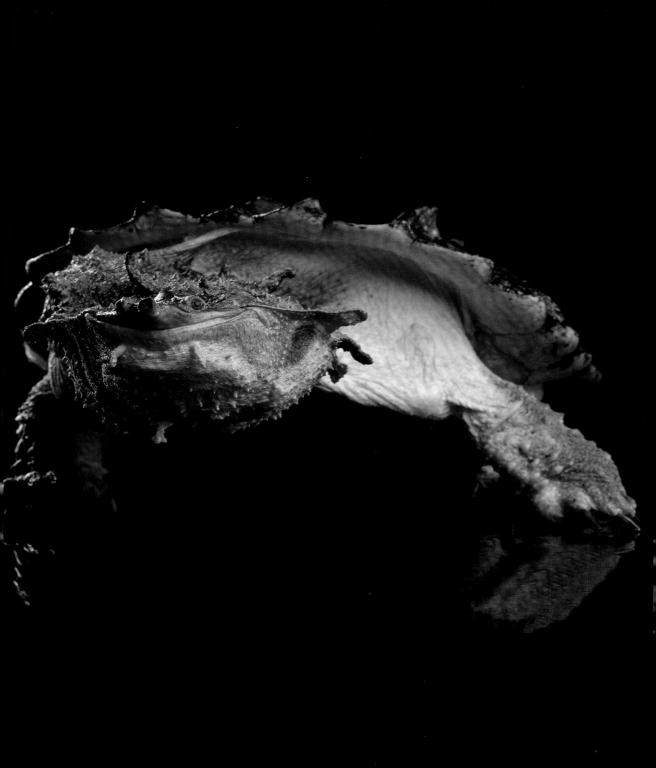

翼龙（2.4亿年到6500万年前）

脊椎动物飞行发明者

翼龙是脊椎动物世界中最早的飞行发明者。

身份证 41

学名：Pterosauria
类群：脊椎动物，主龙类
生存年代：2.4 亿年到 6500 万年前

尺寸：翼展为 10 ～ 12 米
生存环境：陆生

翼龙绝对是第一只能够飞行的脊椎动物。它们在亲缘关系上与恐龙很接近，其飞行的能力与它们独有的身体构造有关。

在演化过程中，翼龙的一根指爪会无节制地增长。与此同时，在它们身体的两侧，指爪末端和膝盖之间，会长出一层膜。这类翼膜逐渐演化成了脊椎动物世界中最早的翅膀之一。翼膜内有肌肉纤维，可以驱动翼膜并确保翼龙的飞行。

目前，我们发现，翼龙既有在海上飞行的，也有只在陆地上空飞行的。通过对它们牙齿形状和胃内容物的分析，可以得知它们有不同的饮食习惯：有的以鱼类为食，有的过滤水，食用微型海洋生物，还有的以昆虫或水果为食；甚至有的翼龙可以彻底潜入水中捕捉鱼类，现在的一些鸟类也有类似技能。

趋同演化

不同的脊椎动物独立发明了三次飞行技能。翼龙是最早的发明家，其次是鸟类和蝙蝠。在生物演化过程中，三个群体演化出了不同的解剖构造，却获得了同样的一项技能。鸟类改变了羽毛原有的功能，将它们用作飞行的工具；蝙蝠和翼龙类似，没有羽毛，而是长有翼膜。不过蝙蝠的翼膜和手臂的连接方式与翼龙不同，前者翼膜横穿三根长长的指爪，飞行时可以大幅度展开。总之，生物演化是一种天然的创造性机制，不同生物各行其道，最终演化出能适应同一种生活方式的不同结构，这就是趋同演化。

另见：43/ 顾氏小盗龙，**97/** 蝙蝠

飞行中的翼龙艺术复原图，图中可见其翼膜。

异齿龙 （3亿年到2.7亿年前）

有帆的脊椎动物

异齿龙的背部有高大的背帆，其功能可能是控制温度。

身份证 42

学名: Dimetrodon
类群: 脊椎动物，盘龙目
生存年代: 3亿年到2.7亿年前

尺寸: 可达 4 米长
生存环境: 陆生

早在恐龙出现以前，这类脊椎动物就处在欧洲和北美洲大陆生态系统食物链的顶端，它们最大的个体重量可以超过 300 公斤。

在今天看来，异齿龙的外形十分奇特。和许多近亲的物种相似，异齿龙的背部有高大的背帆，帆状物由背椎骨和颈椎骨的神经棘支撑，其功能可能是控制温度。通过扩大帆状物的尺寸，异齿龙可以增加身体与外界的接触面积，从而实现体温的调节。在太阳下面，异齿龙体温会上升，变得更加活跃；而在阴凉之处，体温则会下降。

这种调温策略在今天的"异温动物"身上比较常见，比如蛇，在春天清凉的时候，会出来晒太阳，通过外界实现对自身温度的调节；另一类是"恒温动物"，如哺乳动物，体温独立于外界温度，并能通过内部的新陈代谢对体温进行调节。

牛排刀的发明

异齿龙拥有极其强大的颌部，其肌肉系统可以实现前后动作，以便更好地撕裂猎物。位于颌前部的锋牙用来捕获食物，颌后部的尖牙用来撕裂和咬住猎物。而最令人惊讶的是，最新发现表明，异齿龙是第一批牙齿上长出锯状凸起的陆生脊椎动物，和今天使用的牛排刀很相似。这种锯齿是逐步演化而来的。古生物学家认为，这种演化可能与它们的饮食习惯有关，一旦有了这样的牙齿装备，异齿龙便能更轻易地切断猎物，甚至攻击比它们体形更大的动物。

另见: 78/ 绿瘦蛇

异齿龙极其惊人的帆状物艺术复原图。

顾氏小盗龙 （1.2亿年前）

飞行恐龙

小盗龙拥有彩虹色光泽的羽毛，而这也是一些现存鸟类的特征。

身份证 43

学名：Microraptor gui
类群：脊椎动物，主龙类，蜥臀目恐龙
生存年代：1.2 亿年前

尺寸：大约 1 米
生存环境：陆生

如今，我们已经确认了恐龙和鸟类之间的亲缘关系，恐龙向鸟类演化是生命史上的一个重要阶段。

古代鸟类恐龙是鸟类的祖先，大约在 1.5 亿年前，它们从恐龙类群中分化出来。古生物学家已多次发现见证这一演化阶段的生物化石，这些化石同时拥有恐龙和鸟类的解剖特征。在著名的中国辽宁沉积岩中发现的小盗龙，就是一个很好的例子。

这是一种有牙齿和长骨尾巴的小型恐龙，并且拥有两对翅膀，分别长在前肢和后肢上。目前还不能确定这种动物是否会飞行，也许只是从树梢上往下跳跃，以滑翔的方式攻击地面上的猎物。通过对化石遗迹的分析表明，这类恐龙拥有彩虹色光泽的羽毛，而这种彩虹色羽毛也是一些现存鸟类的特征。研究人员对化石色素进行颜色复原，发现这些羽毛在阳光的照射下，会呈现出黑色和蓝色的光泽。这真是一种有趣却又可怕的鸟！

食鸟者

化石不仅可以展现出生活在地球上的不同物种，还有助于我们更好地了解生物演化的节奏（如物种的寿命），并且能丰富我们对生物之间亲缘关系的了解。小盗龙便是有助于我们了解生物之间食物关系的一个很好的例子。在中国，曾经发现过一个绝妙的小盗龙化石，其腹内还留有猎物的遗体，确切地说是一只小鸟的左肱骨和两条腿，而这类小鸟属于树栖动物。因此，这个发现告诉我们，小盗龙可以直接在树上觅食。

另见： 41/ 翼龙，97/ 蝙蝠

在白垩纪森林中捕食的羽毛恐龙（小盗龙）的艺术复原图。

霸王龙（6600万年前）
下颌的双关节

由于体积异常庞大，霸王龙只能快速地行走却不会跑。

身份证 44

学名: Tyrannosaurus rex

尺寸: 可达 12 米长

类群: 脊椎动物，主龙类，蜥臀目恐龙

生存环境: 陆生

生存年代: 6600 万年前

　　地球上最著名、最令人印象深刻的食肉性恐龙，非霸王龙莫属。霸王龙属于两足动物，它们拥有强壮的后肢，但手臂非常小，甚至小到无法将猎物送入嘴中。这么小的手臂很有可能只是用来扶住猎物，或是在交配时扶住交配对象。

　　目前，科学家们对霸王龙的摄食行为仍存有争议。一些观点认为，霸王龙是一种十分凶残的食肉动物，喜好猎食；而另一些观点则认为，霸王龙只是一种食腐动物，以动物的尸体或孱弱动物为食。霸王龙最奇特的地方还在于，它们的头部有一个奇怪的骨骼组织，这仅是霸王龙特有的。它们的下颌有两个活动关节，一个用来连接下颌和头骨，另一个用来连接下颌的两块骨头。这种连接方式能带来惊人的效果，它能使霸王龙的嘴巴张开幅度更大，甚至可以咬住重达 200 公斤的巨型猎物！

无法奔跑

在人们的想象中，霸王龙总是奔跑着追赶猎物。但它们真的能跑吗？它们的腿长达 2.5 米，肯定会跑。但其实，那可不一定！为了破解这个问题，科学家们分析了现代动物的奔跑模式，包括短吻鳄和鸡。他们对多种因素进行了关联分析，包括奔跑速度，动物姿态和驱动奔跑的腿部伸肌。研究最后得出的结果却令人大跌眼镜：霸王龙最多可以快速地行走，但肯定不会跑，因为它们的体积异常庞大，想要使这么庞大的身躯跑动起来，需要借助数量惊人的伸肌。

另见: 45/ 三角龙，
46/ 腕龙

霸王龙艺术复原图。

三角龙 （6700万年至6500万年前）

带头盾的恐龙

三角龙的三只角组成了防御系统，可以用来对抗捕食者。

身份证 45

学名： Triceratops 　　　　　**尺寸：** 可达 9 米长
类群： 脊椎动物，主龙类，鸟臀目恐龙　　**生存环境：** 陆生
生存年代： 6700 万年至 6500 万年前

　　三角龙是世界上最有名的角龙，它们看起来像是神话中的可怕怪兽，不过，我们都知道它们其实是植食性恐龙。三角龙的站姿可以让它们跑得非常快，速度可达 30 千米 / 小时，有时甚至是 35 千米 / 小时，这点有些像现在的犀牛。三角龙的头后部演化出很长的骨头，形成一个巨大的颈盾，保护着它们的脖子。颈盾边缘有细小的骨饰，呈箭头状。三角龙最奇特的地方在于，它们有三只角，一只位于鼻孔上方，另外两只位于眼窝上方。这三只角组成了三角龙的防御系统，可以用来对抗捕食者，如兽脚类恐龙。

　　1998 年，在加拿大，研究人员发现了一块巨大的霸王龙粪化石（动物粪便化石），这块粪化石中含有多块骨骼，其中有一些可能属于年幼的三角龙。

群居生活

三角龙属于鸟臀目恐龙。2011 年，古生物学家在蒙古沙漠中，发现了一个恐龙巢穴，里面有保存完好的年轻原角龙化石。也因此，研究人员才有机会对 15 只原角龙幼体的化石（与三角龙相近）进行研究。这个化石巢穴来自白垩纪晚期，当时的气候干燥炎热。这 15 只原角龙被孵化出来后，在巢穴内共同成长，最后被沙尘暴埋葬。由于它们是一起被发现的，所以我们可以推测它们在成长过程中，一直受到父母的照顾。这次发现有力证明了这类恐龙是父母照顾幼子，以及它们是群居的生活方式。

另见：44/ 霸王龙，
46/ 腕龙

牛角龙（三角龙近亲）的艺术复原图。

腕龙 （1.65亿年至1.45亿年前）

比人还长的腿骨

并非所有的腕龙都体形巨大，小型的腕龙只有鸽子般大小。

身份证 46

学名： Brachiosaurus
尺寸： 可达 25 米长
类群： 脊椎动物，主龙类，蜥臀目恐龙
生存环境： 陆生
生存年代： 1.65 亿年至 1.45 亿年前

　　普遍的观点认为，腕龙是一种大型动物。不过，也有许多证据表明，并非所有的腕龙都体形巨大，小型的腕龙只有鸽子般大小，而最大的腕龙的确是陆地上生活的最大物种。

　　人们发现的骨架化石和大型的足迹化石，都是腕龙巨大体形的最好证明。腕龙是一种四足恐龙，前肢比后肢长，前肢的腿骨甚至可达到 2 米！腕龙的脖子很长，由十几块长达 70 厘米的椎骨组成，这使它们可以吃到大型植物的叶子。古生物学家认为，这种巨型动物的头高达 13 米。最近，研究人员对腕龙的重量进行了重新评估，在评估过程中使用了目前在哺乳动物身上使用的体积测定方法。评估结果显示，腕龙的体重接近 23 吨，这与之前认为的体重近 50 吨相差甚远。腕龙很可能有社交行为，并且是群居生活，因为人们在同一个地方，发现了大量不同的腕龙骨骼化石，而且很多足迹化石也表明它们是群体生活的动物。

素食者

大部分大型恐龙属于蜥臀目恐龙，早在 2 亿年前，在恐龙时代初期，这类群体就出现了。它们的共同祖先为两足动物，为什么会从两足演化成四足的原因，至今仍然不明确。这类物种全都是植食动物，它们的牙齿呈锯状，且扁平，十分适合咀嚼植物。体形最大的几种蜥臀目恐龙有很高的知名度，如梁龙、巨龙、圆顶龙、雷龙（又名迷惑龙）等。它们诞生于 1.6 亿年前，后来都没能逃过白垩纪晚期的大灭绝事件，在 6500 万年前全部灭绝。

另见： 44/ 霸王龙，
45/ 三角龙

艺术复原图中的侏罗纪腕龙——体形最大的恐龙之一。

帝王鳄 （1.12亿年前）

和公交车一样大的鳄鱼

帝王鳄是生活在非洲撒哈拉沙漠的强大捕食者。

身份证 47

学名：Sarcosuchus imperator
类群：脊椎动物，主龙类，鳄目
生存年代：1.12 亿年前

尺寸：可达 12 米长
生存环境：陆生

目前，鳄鱼是地球上最大的爬行动物，体长可达 8 米，体重超过 1 吨。但是，和生活在白垩纪的表亲帝王鳄相比，它们就显得有些相形见绌了。

鳄鱼是强大的捕食者，是真正的怪兽，身长达 12 米，头骨长 1.6 米。它们生活在非洲撒哈拉沙漠地区，在白垩纪时，那里还是一片巨大的沼泽地。古生物学家将这种巨型鳄鱼称为"帝王鳄"。帝王鳄颌部巨大，上面长着一百多颗呈圆锥形的尖齿。它们具有鳄鱼独有的形态，颌部向前延伸，加上可怕的牙齿，可以咬碎和撕裂各种猎物，例如鱼，还有在河边饮水的恐龙。它们的身体上覆盖着外骨架，如同盔甲一般，由一块块长达 30 厘米的鳞甲组成。这些鳞甲有点像屋顶上的瓦片，不仅可以调节帝王鳄的体温，还可以充当坚不可摧的防御武器，抵御恐龙的袭击。

如何计算帝王鳄的年龄？

如何计算帝王鳄的年龄？为此，古生物学家利用鳄鱼特有的骨骼生长印记，对帝王鳄的骨板结构进行分析。在鳄鱼的发育过程中，鳞甲呈阶段性生长，形成成长环，有点类似于树木的年轮。所以，只要计算这些成长环，就可以估算出鳄鱼的年龄。古生物学家在一些帝王鳄标本上，发现了大约 40 个成长环，也就是说这只帝王鳄大概 40 岁。不过也有一些更大的个体寿命，可活到 50 岁。

另见： 18/ 邓氏鱼，
46/ 腕龙

在非洲尼日尔发现的帝王鳄头骨化石，单头骨就长达 1.5 米。

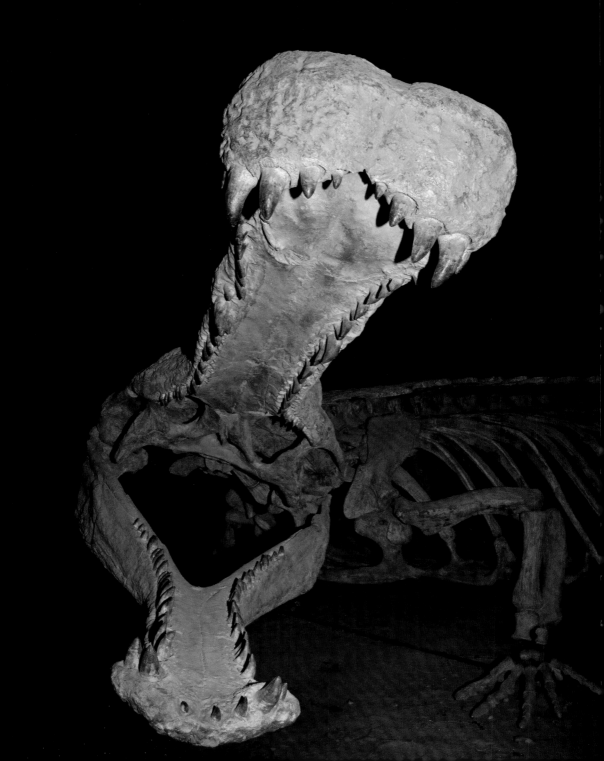

古果 & 钟形花 （1.25亿年前）

世界上最早的花

生活在水中的小草本植物，只有花朵露出水面。

身份证 48

学名: Archaefructus & Montsechia
类群: 常绿植物，有胚植物，被子植物
生存年代: 1.25 亿年前

尺寸: 厘米级
生存环境: 淡水

地球上的第一朵花是什么时候出现的呢? 要回答这个问题其实并不容易，因为花很难以化石的形态保存下来。不过，花朵对于开花植物十分重要，后者需凭借它们吸引昆虫传播花粉。

但幸运的是，一些特殊的古生物沉积物将古代的花朵完好地保存下来了。其中有两个发现并列第一：一个是在中国发现的，被称为古果 (Archaefructus) 的开花植物；另一个是在西班牙发现的，被称为钟形花 (Montsechia)。这类植物有可能生长在 1.3 亿年至 1.25 亿年前，是一种生活在水中的小草本植物，只有花朵露出水面。古果的解剖结构比较模糊，科学家认为它应该有些类似于睡莲；而钟形花拥有狭长的茎，并长有许多果实。不过总的来说，这些有花植物的祖先，与今天的植物相比，形态上存在较大差别。

演化成功者

开花植物自出现以来，多样化就从未停止。如今，它们的物种数量已多达270000 种，广泛分布于所有的陆地和水生环境。从兰花到橡树，它们的形状和大小各不相同。相比之下，蕨类植物的物种数量就显得有些少了，只有 10000 种。而松树及相关物种的数量则更少，大约只有 750 种。然而，这两类植物比有花植物出现得更早。因此，有花植物是真正的演化成功者。它们之所以取得辉煌的成功，很可能与它们的繁殖方式有关，其繁殖方式不仅可以增加遗传变异性，还可以让它们迅速占领各种各样的环境。

另见: 76/ 茅膏菜，
89/ 大王花

湖面上的睡莲，其组织结构和生长方式与世界上第一朵花相似。

圣贤孔子鸟 （1.25亿年前）
羽毛，角质喙和长有爪子的翅膀

从解剖学角度来看，圣贤孔子鸟与现代鸟类十分相似。

身份证 49

学名: Confuciusornis sanctus
类群: 脊椎动物，主龙类，鸟类
生存年代: 1.25 亿年前

尺寸: 翼展可达 70 厘米
生存环境: 陆生

圣贤孔子鸟，是古鸟的一个属。1994 年，在中国发现的圣贤孔子鸟，是鸟类演化过程中非常重要的一个里程碑。

圣贤孔子鸟的羽毛数量和形状表明，它们和现代鸟类一样，可以在树间飞行。从解剖学角度来看，圣贤孔子鸟与现代鸟类的相似之处十分明显：它们拥有和现代鸟几乎一样的角质喙和尾综骨。圣贤孔子鸟和始祖鸟（最古老的鸟类化石之一）有着很大的区别，始祖鸟仍保留着部分恐龙的特征，如牙齿和脊椎骨构成的尾部骨骼结构。当然，圣贤孔子鸟还不是完全意义上的现代鸟类，它们前肢上有指爪（这个与现代鸟类一样），但翅膀上仍保留了原始的爪子! 因此，它们甚至可以用翅膀上的爪子捕获猎物（有可能是鱼）! 这是多么奇怪的鸟类啊! 南美洲有一种现代鸟类——麝雉的翅膀上也有爪子，不过只出现在幼鸟阶段。

两性异形

在中国辽宁矿层出土的数百种圣贤孔子鸟标本，为科学家了解圣贤孔子鸟的身体构造提供了有利条件。而让研究这类鸟的古生物学家感到十分好奇的是，圣贤孔子鸟两类化石之间，存在着一个明显的差异：有的标本拥有两条狭长而坚硬的羽毛尾巴，这些羽毛可能和身体一样长；而有的标本却没有。如何解释这个差异呢？古生物学家提出了两性异形的推测。就如同现代鸟类和许多其他动物一样，雄性和雌性各自具有某些独特的形态特征。因此，这两条长尾羽毛很可能是雄性圣贤孔子鸟的特征，为了在求偶过程中能吸引雌性。

另见: 63/ 骇鸟，
88/ 极乐鸟

中国发现的圣贤孔子鸟艺术复原图。

短尾矮袋鼠 （有袋动物已知有1.25亿年历史）
在口袋里住 10 个月

短尾矮袋鼠的幼崽会住在母亲的育儿袋中六七个月。

身份证 **50**

学名: Setonix brachyurus　　　　**尺寸:** 大约 50 厘米
类群: 脊椎动物，哺乳动物，有袋类　　**生存环境:** 陆生
生存年代: 有袋动物已知有 1.25 亿年历史

　　有袋类动物和传统哺乳类动物（如人类）最大的区别在于，它们要经历两次"出生"：先后从子宫和育儿袋中出生。雌性经过短暂怀孕期后便产下幼崽，随后幼崽被立即存放在母亲的育儿袋中，继续生长发育。

　　短尾矮袋鼠也不例外，这是澳大利亚西部特有的一种矮小袋鼠。在它们出生后不久，便会爬到母亲的育儿袋中，抓住奶头吃奶。出生后六七个月，它们会慢慢结束在育儿袋中的安逸生活，试着爬出去探索外面的世界。它们看起来就像一只披着棕灰色毛发的小袋鼠，用后腿跳跃或用四肢行走。短尾矮袋鼠是植食性动物，喜欢在夜间活动，主要生活在沼泽灌木地。有研究表明，它们甚至喜欢遭受过自然火灾的地方。而一旦某个地方的植被变得更加茂密时，它们便会离开前往其他沼泽地。

与世隔绝的演化

大约 1.25 亿年前的化石就记载了有袋类动物，它们历史悠久，演化出了约 280 个物种，如袋鼠、负鼠和塔斯马尼亚虎。它们起源于古老的北美洲，栖息范围逐渐扩散至南美洲——南极洲和大洋洲，在当时这几大洲还连在一起，另外还有一部分迁移到了亚洲。4500 万年前，大洋洲与南极洲分离。后来，南极洲的有袋类动物全部消失，而大洋洲的有袋动物开始了与世隔绝的演化。这种受地质过程（如海洋将大陆分隔开来）影响的演化，被称为地理分隔。

另见：60/ 塔斯马尼亚虎，
81/ 蜜袋鼯

雌性短尾矮袋鼠（Setonix brachyurus），育儿袋中有幼崽（澳大利亚罗塔纳岛）。

现代生命

直到今天，生物多样性的发展还远没有达到顶峰，而已有的生命形式却越来越趋同化。每一次生物大规模地灭绝后（白垩纪／第三纪危机），生物多样性就会再次反弹，繁荣发展。对于已消失的物种，大灭绝是一场灾难；而对于另一些物种，大灭绝却意味着新生。恐龙已不复存在，而哺乳动物和鸟类将迎来飞速发展。到后来，灵长类动物出现，人类诞生，逐渐成为地球的主宰。有些物种之所以得以幸存，不是因为它们具有辉煌的创造性，而是因为它们不得不去承受环境的压力。有的物种试图与环境对抗，但付出的代价极大。人类的影响是否过大？当然！不过也有一些积极的行动，例如瓦勒迈杉，人类对这类稀有物种赖以生存的有限自然环境进行了保护，而这样的保护行动几乎遍布整个地球。

树枝上的狮面狨和背上的幼崽。

衣笠螺 （超过6500万年）
软体动物中的黏胶

衣笠螺用碎屑来装饰自己的外壳，被称为"异物携带者"。

身份证 **51**

学名：Xenophora
尺寸：壳体可达 6 厘米
类群：软体动物，腹足纲，新进腹足类
生存环境：海洋
生存年代：已知超过 6500 万年

　　软体动物具有惊人的多样性，物种数量达 100000 种，在所有生物中仅次于节肢动物，后者包括昆虫、甲壳类动物和蛛形纲动物。

　　通常，腹足动物的外壳为漂亮、规则的螺旋壳。不过有一类腹足动物除了有螺旋壳外，还会用周围环境中找到的碎屑来装饰自己的外壳。它们便是衣笠螺，学名为 Xenophora，意思是"异物携带者"。它们的外壳呈圆锥形，底部较宽。在生长过程中，衣笠螺会在外壳上黏附上它们在海底找到的各种各样的东西，比如软体动物或腕足动物的空壳、小卵石或珊瑚，甚至是啤酒瓶盖。

　　衣笠螺粘贴异物的策略存在已经超过 6500 万年，在世界各地发现的各种不同化石便是证明。今天，它们的物种数量超过 20 种，主要分布在热带海洋。

非凡伪装术

要将贝壳或卵石粘到外壳上面并不容易。当衣笠螺在海床上发现碎屑后，会用足（腹足动物的主要器官，可帮助其移动）和嘴巴的特殊结构逮住碎屑，然后粘到它们的外壳上。它们还会粘贴更小的碎片，以便使异物的黏合更加牢固。粘贴的确切方法还有待研究。据观察，不同物种有不同的策略，而且它们不是随机选择用于黏合的物体。有些会选择较大的物体，而有些更喜欢较小的物体。这是因为衣笠螺为了适应不同海底的自然环境，从而演化出的不同的伪装策略。

另见：13/ 克劳德管虫，
69/ 蝶螺

衣笠螺为了伪装，在壳体上粘贴了海绵和其他贝壳。

珊瑚 （超过6500万年）

奇怪的相似之处

藻类对珊瑚的生存和颜色起到了至关重要的作用。

身份证 52

学名: Anthozoa
类群: 刺胞亚门，珊瑚虫纲
生存年代: 已知超过 6500 万年

尺寸: 直径可达 2 米
生存环境: 海洋

珊瑚几乎遍布整个海洋世界。数百万个微小个体生活在一起，每个个体由一个小钙质外骨架保护。渐渐地，珊瑚群体便形成了珊瑚礁，这也是世界上由动物制造出来的最大结构。

珊瑚群的结构由物种和环境因素决定，如水流、温度和光照。有些珊瑚群具有非同一般的形状，比如被称为"脑珊瑚"的珊瑚群。脑珊瑚呈半球状，珊瑚虫个体的骨骼组合在一起，形成弯弯曲曲的纹理，包括折起的凸出部分和相连的凹槽。这种复杂的结构和人脑十分相似！但是不要被它们欺骗了，珊瑚只有构成网络的简单神经细胞，并没有像大脑一样的神经中枢系统。它们和大脑仅仅是形态上的偶然相似。

相依为命

珊瑚有一个秘密，那就是它们与海藻和虫黄藻共生。这些微型藻类对珊瑚的生存和颜色起到了至关重要的作用。在环境变得恶劣的情况下，如温度升高，藻类将消失，珊瑚将逐渐死亡，并褪色变白。澳大利亚大堡礁拥有独一无二的珊瑚多样性，那里有世界上最大的珊瑚群体，打造出了令世人惊叹的建造工程。超过 350 种的珊瑚物种，多达数十亿的珊瑚虫个体，共同建造了长达 2300 千米的巨大礁体。但是在今天，在大堡礁的北面，三分之二的珊瑚却因为海水温度升高 2°C 而死亡。一些研究人员认为，大堡礁有可能在下个世纪末消失。

另见: 8/ 苔藓虫，
9/ 海绵动物

海底脑珊瑚，呈球状，上面有一只海星（印度尼西亚小巽他群岛）。

乌贼（超过4500万年）

潜水艇的发明

乌贼除了喷射墨汁，还能根据所处环境改变自身的颜色。

身份证 53

学名：Sepia
类群：软体动物，头足类动物，蛸亚纲
生存年代：已知超过 4500 万年

尺寸：可达 1 米
生存环境：海洋

乌贼，头足类动物，广泛分布于欧洲、非洲、亚洲和大洋洲海域。然而，这个自然界的小奇迹一定也不寻常。

乌贼有内骨，被称为乌贼骨。尽管有一个"骨"字，但这种结构和脊椎动物的骨头却毫无关系。仔细观察乌贼骨，会发现上面有很多纹路。乌贼有一个可以控制套膜开闭的软骨，通过调节水流进出，从而改变体重。当水流进入，乌贼轻松沉入海底；如果要上升，只需再次调节套膜内的进水量。早在数亿年前，头足类动物便发明了这样的调节机制，它们不愧是真正的配有压载舱的潜水艇。

除此以外，乌贼还是世界伪装冠军。为了抵御掠食者，它们演化出了一种非常有效的防御策略：喷射墨汁，创造一团黑云，使掠食者迷路。此外，它们还具备一种不可思议的能力：可以在几秒钟内根据所处环境，改变自身的颜色。可以说，是乌贼发明了隐身斗篷……

水下压力

乌贼虽是"生物潜水艇"，但它们却无法穿越海洋！为什么呢？有两个与生物演化相关的制约因素：首先，它们必须在靠近海床的区域进食和产卵，其卵子必须附着在海床的特定物质上，因此它们无法生活在海洋表层水域；其次，它们的内壳对水压十分敏感。如果乌贼下潜深度超过 600 米，强大的水压便会使它的壳体爆裂。这个深度是它们的天然屏障。因此，乌贼内壳既是自然界难以置信的演化奇迹，也是阻止它们穿越海洋的一大障碍。这也是为什么至今在美洲海域很少发现乌贼的原因。

另见：28/ 菊石，
59/ 大王乌贼

礁体上的乌贼（泰国）。

雕齿兽 （3000万年至1.1万年前）

背负 400 公斤

雕齿兽是今天树懒的近亲，是一种犰狳的代表。

身份证 54

学名: Glyptodon
类群: 脊椎动物，哺乳动物，异关节总目
生存年代: 3000 万年至 1.1 万年前

尺寸: 长达 3 米
生存环境: 陆生

　　雕齿兽的身体和小汽车一般大，并配有巨大的铠甲和尾锤。它们是迄今为止，生活在南美洲和中美洲最奇怪的哺乳动物之一。

　　雕齿兽是今天树懒的近亲，是一种犰狳的代表，这类犰狳自出现后，身体尺寸就在不断演化增大。雕齿兽的头骨下方长着一个突出的骨头，向下颌延伸，颌部肌肉与这根骨头紧密相连，这样的构造让雕齿兽能够咀嚼很硬的植物，如木头。它们头上"戴"有头盔（骨冠），背上长有一个巨大的半球形背甲，尾部有环形骨保护。有的雕齿兽的环形骨比较独立，而有的则相互融合在一起。雕齿兽的背甲由许多厚达 2.5 厘米的骨板组成。目前发现的最大的雕齿兽样本长 3 米，重约 2 吨，仅背甲的重量就达到了 400 公斤！能演化出如此之大的背甲，是雕齿兽抵御捕食者的有效演化策略。

为什么会灭绝?

雕齿兽大约在 1.1 万年前灭绝，那时候第一批人类刚刚抵达南美洲不久。阿根廷的考古发现证明了人类与雕齿兽的共存。当这种动物灭绝时，已经演化出了巨大的体形。在人类抵达以前，它们厚厚的背甲以及像铁锤一样的尾巴，可以保护它们免受捕食者的侵害。但是人类的到来，改变了自然的游戏规则。人类凭借自身的才智，发明了适合捕捉这类动物的工具。有些科学家认为，人类利用雕齿兽巨大的背甲保护自己，以此来抵御恶劣天气。我们并不确定人类是否该为雕齿兽的灭绝负责，但很显然，人类是刽子手之一。

另见: 40/ 玛塔蛇颈龟，**63/** 骇鸟

伦敦自然历史博物馆中央大厅展出的雕齿兽化石。

楯海胆 （6500万年）

穿孔海胆

楯海胆中最有名的种类称为沙钱，其形状似一美元硬币。

身份证 55

学名：Clypeasteroida
类群：棘皮动物，海胆纲
生存年代：已知 6500 万年

尺寸：直径为几厘米
生存环境：海生

海胆是一种五辐射对称动物，它们的骨骼，即外壳呈球状，表面长有刺。2 亿年前，在海胆演化过程中出现了形态各异、不同生活方式的海胆。

其中有一类海胆完全穴居在海底，潜入沙中，这一类海胆中最令人惊叹的是楯海胆。而楯海胆中最有名的种类称为沙钱，因为其形状似一美元硬币。沙钱诞生于 6500 万年前，呈扁平椭圆形状，表面有一些非常小的短刺。它们的外壳边缘有穿孔或凹口（主要为穿孔）。这样的结构可能与它们的生活方式有关。沙钱在水流很强的海底半潜入沙中穴居，在这样的环境下，沙钱很有可能会被突然袭来的强水流轻易卷走，就像伞被风刮走一样。为了降低面对这种环境的风险，海胆外壳上演化出了穿孔，水流从孔中流过，壳体上承受的水流压力减少，因此被卷走的风险也降低了。

进食槽纹

关于沙钱的穿孔，还有一种推测，有的科学家认为，这些穿孔除了可以减少海底水流对外壳的压力，还能帮助沙钱将食物颗粒运送到嘴边。沙钱可以利用穿孔这一快捷通道，将食物从外表面运送到内侧的嘴中。除此之外，科学家还发现，沙钱嘴巴的周围有不少槽纹，槽纹通向各个穿孔。这些槽纹被称为"进食槽纹"，上面有小型结构，将食物引入沙钱的嘴中。这一套演化系统可以让沙钱在高效进食的同时，又能稳固地附着在海床上。

另见：30/ 海百合，
33/ 海胆

马来西亚沙滩上搁浅的沙钱海胆，外壳上有两个细长的穿孔（天然穿孔）。

海马 （1200万年）

有趣的鱼

海马是由雌性将卵子放入雄性体内，于是雄性海马就怀孕啦！

身份证 56

学名： Hippocampus
类群： 脊椎动物，硬骨鱼
生存年代： 已知 1200 万年

尺寸： 成年状态下为 2~35 厘米
生存环境： 海生

海马是一种非常有趣的鱼，目前它们生活在温带和热带海域，物种数量有 60 多种，而且都被列入了濒危物种清单。

海马的形态令人着迷，与其他鱼类不同，海马的头呈马头状，与身体形成近 90 度的直角。吻部呈管状，有长有短，这与不同海马物种的进食方式有关。当海马游动时，因其鼻子的特殊形状，可以减少水的湍流，因此能降低被猎物发现的风险。海马的胸鳍长在头部和颈部的连接处，具有较大的灵活性。身体较粗大，并长有一个小背鳍。海马尾巴弯曲，有时呈卷状，没有尾鳍。

海马身体表面有许多清晰可见的特征：如结节状凸起、刺、管状物等……所有这些装饰都有助于海马实现有效的伪装，不同物种拥有不同的颜色和特征，这样能让它们更好地与自己所处的环境融为一体。

怀孕的雄性

在演化过程中，海马开发出了一套与传统生物完全不同的独特繁殖模式。在绝大多数脊椎动物中，雄配子（性细胞）需前往雌配子处与之会合，使之受精。而海马则相反，它们是由雌性将卵子放入雄性体内，然后卵子受精。待卵子受精后，再进入雄性育子袋中，于是雄性就这样怀孕啦！雄性育子袋位于身体下方，腹部旁边。当育子袋里装满受精卵时，看起来就像怀孕一样。受精后三四周，雄性便会生下数十只甚至数百只小海马。

另见：37/ 飞鱼，
91/ 鲛鳐鱼

惊人的叶海龙（澳大利亚），图中雄性身上携带有卵子。

一角鲸 （700万年）

海洋中的独角兽

一角鲸的长牙上有可以检测环境变化的感觉器官。

身份证 `57`

学名: Monodon Monoceros 尺寸: 长达 5 米
类群: 脊椎动物，哺乳动物，鲸类 生存环境: 海生
生存年代: 已知 700 万年

一角鲸是海中的独角兽，因其著名的尖角，而成为目前鲸类动物多样性的代表。在很长一段时间内，人们围绕这个尖角，想象出了许多独角兽的传说，甚至认为这个尖角具有独特的治病能力。这些传说直到 18 世纪才慢慢消停，那时西方科学家才发现了一角鲸。

这类鲸鱼具有独特的防御系统：左上颚向外凸起、呈螺旋状的犬齿。这个特征在雄性身上比较常见，在雌性身上很少见。犬齿长度可达 2.5 米，重达 10 公斤，而右颚的犬齿仍在头骨内，最长大约 30 厘米。

这种奇怪的动物群体生活在北冰洋中，以鱼、鱿鱼、章鱼或其他软体动物为食。它们的天敌主要是北极熊和逆戟鲸。然而，在今天，气候变暖和人类活动（污染，捕鱼等）正在改变它们的生存环境，一角鲸成了濒临灭绝的濒危物种。

天然探测器

早期科学家在一角鲸的长牙上，发现了某种可以抵御捕食者的结构。后来，一些人认为，这是一种声学探测头或温度调节器；还有一些人认为，这个结构充当了一角鲸的方向舵。直到最近，我们才明白这个结构的功能。通过细致的解剖学研究，科学家发现这是一种可以检测环境变化的感觉器官。长牙的内部结构十分复杂，牙内拥有与外部环境（海水）连通的微型通道，和与大脑相连的无数神经纤维。长牙呈螺旋状，是为了增加与海水之间的接触面积，使盐度和水温检测系统更加有效。

另见: 72/ 穿山甲，
93/ 儒艮

打斗中的雄性一角鲸（加拿大巴芬岛）。

渡渡鸟 （4000年前到17世纪末）

爱丽丝仙境中消失的朋友

渡渡鸟是毛里求斯岛的特有物种，消失于 17 世纪末。

身份证 58

学名：Raphus cucullatus
类群：脊椎动物，主龙类，鸟类
生存年代：已知 4000 年前到 17 世纪末

尺寸：约 1 米高
生存环境：陆生，森林环境

想象一下，有这样一种鸟，它体形巨大，但翅膀很短，无法飞翔，喙向下弯，生活在潮湿的森林中，以果实和种子为食。这种鸟叫渡渡鸟，是 17 世纪末消失的物种。

渡渡鸟是毛里求斯岛的特有物种，在今天已知的大部分标本，都是在岛屿东南部"梦池"（Mare-aux-Songes）找到的化石骨骼，其历史长达 4000 多年。有人认为，渡渡鸟会灭绝是因为过度捕杀。然而，在 17 世纪，毛里求斯的人口还没超过 50 人！当然，我们也不能否认捕杀是灭绝的原因之一，但最重要的原因很可能是因为人类的到来，导致渡渡鸟的敌对或竞争物种进入岛内，如鼠、猪、猫，还有狗。总而言之，在人类登上毛里求斯岛后的 100 年，渡渡鸟就灭绝了。

岛屿物种特别容易因为新物种的引入而灭绝，因为它们适应了没有天敌的生活，比如渡渡鸟，在演化过程中已经失去了飞行的能力。

渡渡鸟并不胖！

渡渡鸟常被描述成是一种长得十分肥胖的鸟，体重达 20 公斤，大小和现在的火鸡相近。最近，科学家通过研究现存鸟类的体重和骨骼长度的关系，对渡渡鸟的体重进行了重新评估，最后得出的结论是，渡渡鸟只有 10 公斤。由此看来，这种鸟并没有想象中的那么胖。路易斯·卡罗，真名为查尔斯·路德维希·道奇森（Charles Lutwidge Dodgson），在他著名的小说《爱丽丝梦游仙境》中提到过渡渡鸟，而在他所处的维多利亚时代，人们是不会谈论已经灭绝或濒临灭绝的物种。他之所以会在作品中提到渡渡鸟（dodo），是因为他患有口吃，所以在自我介绍时，总会把自己的名字念成"道 - 道 - 道奇森（do-do-Dodgson）"。

另见：60/ 塔斯马尼亚虎

毛里求斯森林里的渡渡鸟（艺术复原图）。

大王乌贼（现存物种）

深海 20 米长的肌肉

大王乌贼保持着动物界最大眼睛的纪录，眼睛比篮球还大。

身份证 59

学名：Architeuthis dux
类群：软体动物，头足纲，蛸亚纲
生存年代：现存物种

尺寸：可达 20 米
生存环境：海洋

　　对许多人类而言，这类物种就像神话一样，人们对于它们是否存在，一直存在争论。抹香鲸身上发现的伤口，海滩上搁浅留下来的遗体，这些都构成了人们相信它们确实存在的理由。直到 2005 年，在一次对日本海岸的科学考察期间，大王乌贼才首次在自然环境中现出真身。

　　最大的大王乌贼可长达 20 米，重 200 公斤，布满吸盘的 8 只腕和 2 只触腕可长达十几米。这 10 只附肢沿着嘴部周围展开，可以将吸盘上紧紧钩住的猎物送入嘴中，它们的嘴巴长得像钳子，可以轻易切断猎物。大王乌贼还保持着动物界最大眼睛的纪录，它们的眼睛比篮球还大。演化出如此大的眼睛，可以让大王乌贼在漆黑的深海中，发现它们的捕食者：抹香鲸。

　　在今天，有超过 300 个物种的乌贼栖息在世界各地的海洋中。有些物种可以达到巨大的尺寸，而有些物种非常小，即使在成年状态下也只有几厘米。

低遗传多样性

2013 年发表的一项科学研究，分析了各海域中大王乌贼的遗传多样性，其结果出人意料。一方面，大王乌贼的遗传多样性非常有限，可能所有的样本都只属于一个物种；另一方面，其遗传多样性并没有显示出较明显的地理地域特征。因此，这反映了大王乌贼基因之间的混合，也就是说各群体之间并不孤立，而且它们能够大规模迁徙。迁徙有可能是在个体发育过程中的幼年阶段进行的，幼年大王乌贼会随海流漂浮迁徙。这种低遗传多样性可能与古老的遗传瓶颈有关：生物体积大量变小。可以肯定的是，大王乌贼曾经差一点就灭绝了。

另见：28/ 菊石，
29/ 蓝圈章鱼，**53/** 乌贼

搁浅在海滩上长达 9 米的大王乌贼（挪威，1954 年 10 月）。

塔斯马尼亚虎 （约400万年，于1936年消失）

袋鼠的近亲

塔斯马尼亚虎既不是虎，也不是狼，而是有袋动物。

身份证 60

学名：Thylacinus cynocephalus
类群：脊椎动物，哺乳动物，有袋动物
生存年代：已知约 400 万年，于 1936 年消失

尺寸：一般长达 2 米
生存环境：陆生

这种动物被称为塔斯马尼亚虎或塔斯马尼亚狼，但它们既不是虎，也不是狼，而是一种有袋动物，因此又被称为袋狼。袋狼已经完全灭绝了，最后一只袋狼于 1936 年 9 月 7 日，死于塔斯马尼亚南部的霍巴特动物园。

这类物种大约在 400 万年前诞生，直到 2000 年前都一直生活在澳大利亚或新几内亚。已知的袋狼所属的有袋物种，已有 1600 万年的历史。所有的有袋动物都有一个育儿袋，不过袋狼的育儿袋与传统结构不同，是向后开放的。袋狼为四足动物，与它们的高度相比，身体显得尤其长，因此它们跑得并不是很快，不过袋狼可以像袋鼠一样跳跃。袋狼毛发呈黄褐色，背、腰和臀部有约 15 道深色条纹。它们的尾巴又长又硬，和袋鼠有点儿像。

袋狼是夜行、独居食肉动物，以袋鼠和鸟类为食，喜欢生活在树林较稀疏的地方。

名声不好

袋狼灭绝前曾遭受到一连串的迫害。首先，大约在 4000 年前，野狗进入澳大利亚，和袋狼形成了直接竞争，导致袋狼在澳大利亚大陆灭绝。但幸运的是，塔斯马尼亚还生活着一些袋狼，这个岛屿给了它们一丝喘息的机会。可是，欧洲移民来到塔斯马尼亚后，给袋狼带来了致命一击。首先，欧洲移民入侵了袋狼的自然栖息地；其次，他们很快认为袋狼是偷猎他们羊群的罪魁祸首。因此，袋狼的名声极坏！以至于到后来，塔斯马尼亚政府还为屠杀袋狼的行为提供奖励，最终导致它们彻底灭绝。今天，袋狼现身的消息虽然偶尔会出现，但从未被证实。

另见：50/ 短尾矮袋鼠，
81/ 蜜袋鼯

在澳大利亚动物园，生活着的世界上最后一批塔斯马尼亚虎之一。

真猛犸象 （40万年至1万年前）

气候变暖的受害者?

对于史前人类来说，真猛犸象全身是宝。

身份证 61

学名：Mammuthus primigenius
类群：脊椎动物，哺乳动物，长鼻目
生存年代：40万年至1万年前，
　　　　　最后一批约在3600年前消失

尺寸：最大的真猛犸象肩高超过3米，
　　　体重超过5吨
生存环境：陆生，寒冷环境

　　自古以来，真猛犸象就出现在欧洲的许多神话故事中。18世纪末以来，由于西伯利亚地下突然解冻，人们发现了首批还保留着组织结构的真猛犸象遗骸，这是一批比较少见的冰冻化石。如今，气候变暖加速了北极冻土的融化，许多真猛犸象遗体被发现：牙齿、骨头，甚至是肌肉、皮肤和毛发。而最近，在西伯利亚发现的一具雌性遗骸中，连血管内的血都保存了下来。

　　真猛犸象具有一系列抵抗寒冷的身体构造：长长的皮毛、厚厚的皮下脂肪，甚至还有可以减少与环境热交换的小耳朵。几乎所有的真猛犸象，在1万年前就消失了。它们灭绝的原因至今仍存在争议。一种可能是因气候变暖导致其栖息地减少；也有可能是真猛犸象栖息的范围过于分散；还有一种可能是新石器时代人类狩猎带来的压力，又或者是后两者原因共同造成了它们的灭绝。到3600年前，生活在北冰洋弗兰格尔岛上的最后一批真猛犸象死亡。

全身是宝

对于史前人类来说，真猛犸象是一种非常重要的动物。其依据来自于以真猛犸象为主题的众多洞穴壁画，以及用真猛犸象的长牙制作的装饰雕塑。这类动物为人类的生活提供了许多基本材料，但猎杀真猛犸象并不容易，需要集体协作。猎杀到的真猛犸象，其肉可供人类食用，皮毛可供人类御寒，脂肪可用作燃料，骨头和牙齿可用来建造小屋、制作工具，甚至是武器。简而言之，对于史前人类来说，真猛犸象全身是宝。

另见：62/ 尼安德特人，
68/ 刃齿虎

真猛犸象艺术复原图。

尼安德特人 （40万年到3万年）

令人困惑的杂交

尼安德特人真的是一种粗鲁的、没有思考能力的野蛮人吗？

身份证 62

学名：Homo neanderthalensis
类群：脊椎动物，哺乳动物，灵长类动物
生存年代：40 万年到 3 万年

尺寸：成年后平均 1.6 米
（男性比女性稍微高点儿）
生存环境：陆生，生活在岩洞或其他
庇护地，会使用火

在 40 万年前，同一个人类祖先分为两路演化，演化成尼安德特人（Homo neanderthalensis）和现代智人（Homo sapiens）。如今，可以确定的是，这两种人类在欧洲和中东曾有过交集，而且他们之间的交集并不普通。近年来，我们知道了现代智人和尼安德特人之间还有过杂交，也就是说两类人种之间，有过交配和繁殖后代的行为。以上推测的事实依据是，人们通过对骨骼遗骸的分析，发现现代欧洲人和亚洲人的 DNA 序列与尼安德特人一致。最新研究表明，两类人种之间最近发生的基因流动，即杂交周期，应该是发生在 4.7 万年至 6.5 万年前，而这段时间正好与现代智人离开非洲向欧洲方向迁徙的时间相吻合。

因此，现代智人的近亲并没有完全消失，我们的 DNA 有 1%~3% 是通过两类人种的杂交而遗传过来的，今天的欧洲人仍然携带这些基因。

错误的想法

已经灭绝的化石人种以及尼安德特人，通常被认为是一种粗鲁的、没有思考能力的野蛮人。这是因为他们的解剖特征看起来比较原始吗？突出的眉毛、宽大的下巴和比现代人更大的牙齿。他们真的是一种无法思考的野人吗？当然不是，人们已经发现了许多能推翻以上错误观点的证据，如尼安德特人墓葬的存在，又如法国南部布吕尼屈厄发现的，尼安德特人在 17.65 万年前居住的岩洞。在岩洞最深处，人们发现了分类完好且呈圆形摆列的石笋，以及一些用于照明的煅烧骨头。这些便是他们有思考能力和管理居住地能力的证明。

另见：61/ 真猛犸象，
68/ 刃齿虎

法国洛克马尔萨勒（Roc-de-Marsal）尼安德特人儿童艺术复原图。

骇鸟 （6200万年至1800万年前）

令人生畏的猎手

通过对骇鸟的形态分析，发现这种鸟并不会飞行。

身份证 63

学名：Phorusrhacidae
类群：脊椎动物，主龙类，鸟类
生存年代：6200 万年至 1800 万年前

尺寸：高达 3 米
生存环境：陆生

　　骇鸟的灭绝对于人类来说是幸运的！这种巨型食肉性鸟类是一种令人生畏的捕食者。因此，最早发现这类鸟的古生物学家，将它们称之为"恐怖之鸟"。

　　大部分骇鸟物种生活在南美洲，但人们在北美、欧洲和亚洲也发现过它们的遗迹。其中最大的化石标本头骨长 70 厘米，喙长超过 40 厘米。但是通过对它们的形态分析，发现它们并不会飞行，这是由于相对于它们的身体，它们的翅膀太小了。骇鸟的头骨具有惊人的演化程度，如狭窄的喙部，十分尖锐且向下弯曲，与现在老鹰的喙部相似。骇鸟可以用这种喙深入猎物体内，将肉块撕裂下来。它们的后腿长有大爪，十分健壮，能快速奔跑，捕猎时速度可达到 50 千米 / 小时。这类鸟非常的强大，科学家甚至认为它们可以用爪子直接将猎物（如哺乳动物）杀死。

偶然性扮演的角色

骇鸟的灭绝，反映了生物演化过程中某种形式的偶然性。大约在 350 万年前，地球板块的构造运动，使连接南北美洲的巴拿马地峡形成。这种地理变化为南北美洲动物之间的交换创造了条件。在此之前，骇鸟被隔离在南美洲，处于当地食物链的顶端。而巴拿马地峡形成后，新的捕食者如刃齿虎等进入，与骇鸟形成竞争。这些新的竞争者更强大，最终导致了骇鸟的灭绝。

另见：49/ 圣贤孔子鸟，
54/ 雕齿兽

正在攻击雕齿兽的骇鸟（艺术复原图）。

原牛 （200万年前至1627年）
家牛的祖先

人类在 1 万年前就开始了对原牛的驯化。

身份证 **64**

学名：Bos primigenius
类群：脊椎动物，哺乳动物，反刍类
生存年代：200 万年前至 1627 年

尺寸：肩高达 1.8 米
生存环境：陆生

　　原牛是一种神话般的牛，通过对原牛的驯化，才有了我们现在的家牛或奶牛。原牛是近代生物多样性历史上，最大的植食性动物之一，其牛角可长达 80 厘米，重量可超过 1 吨。

　　对原牛的了解主要来自于以下三个方面：化石、古代绘画、历史观察和岩洞壁画，尤其是法国拉斯科洞窟壁画。化石告诉我们，这类物种大约出现在 200 万年前；古代绘画证实了这类动物曾被大量猎杀；历史观察和岩洞壁画反映的内容是一致的：小牛为黄褐色，成年雄性牛为黑褐色，且背部有一条狭窄的淡纹，而雌性的颜色与小牛接近。所有的历史观察都清楚表明，这类物种的消失归结于人类的捕猎。而最后一只原牛于 1627 年，在波兰被杀害。

复活原牛

原牛被认为是当今家牛的祖先。据估计，人类对原牛的驯化是在 1 万年前开始的。许多科学家试图通过对现在的牛进行选择和配种，使其逆向演化，恢复成原牛。其中的一些实验，确实产生了与真正的原牛大小和形态相近的牛种。另外，科学家将这类牛与 6750 年前原牛化石的基因序列做了对比，虽然复原的牛在基因方面与原牛十分接近，但它们仍旧不是真正的原牛。目前，扭转演化的进程依旧是不可能的。

另见： 60/ 塔斯马尼亚虎

"新原牛"，现代牛选择和配种的结果。

瓦勒迈杉 （南洋杉科已知有2亿年历史）

世界上最稀有的树

一种被认为在数百万年前就已经灭绝，只存在于化石中的物种。

身份证 65

学名： Wollemia nobilis
类群： 常绿植物，有胚植物，松柏门
生存年代： 南洋杉科已知有 2 亿年历史

尺寸： 高达 40 米
生存环境： 陆生

1994 年，一位猎场的看守人在澳大利亚一处峡谷中，发现了一棵特殊的松柏树种——瓦勒迈杉，一种被认为在数百万年前就已经灭绝，目前只存在于化石中的物种。目前，地球上只剩下数百棵瓦勒迈杉，其分布面积不超过 10 平千米，是世界上最稀有的树木之一！

瓦勒迈杉是一种大型针叶树，叶子为深绿色，呈锥形，类似于蕨叶。树皮呈不规则状，像沸腾的熔浆。有些瓦勒迈杉的树龄可达几百万年。

目前，瓦勒迈杉生长在气候温和、狭窄且陡斜的砂岩峡谷陡壁上。它们的遗传多样性非常有限，几乎面临灭绝的危险。过去，瓦勒迈杉分布广泛，而今天仅存在于澳大利亚的瓦勒迈杉，只是过去留下来的一小部分。

保护和拯救

瓦勒迈杉的稀缺性，使植物学家将其列入了世界自然保护联盟（IUCN）的"濒危物种红色名录"，处于极度濒危的状态，面临即将灭绝的危险。不过，有两种简单的方法可以保护这种植物：一方面，它们生长的具体地理位置还没有被泄露，这样可以有效避免可能存在的偷盗；另一方面，瓦勒迈杉已经大量地商业化，被种植在世界各地的植物园中。自 2006 年以来，一项全球性的保护计划已经启动，即在世界上的每一个植物园，种一棵瓦勒迈杉。瓦勒迈杉的种子较小，呈棕色，且长有一只小翅膀，可助其利用风力传播。现在，通过网络，这些种子可以飞向全球各地！

另见：73/ 银杏，
90/ 龙血树

英国植物园中的瓦勒迈杉。

始祖马 （6000万年至4500万年前）
和狗一样大的马

始祖马是世界上最古老的马，体形只比狗大一点儿。

身份证 66

学名：Eurohippus

类群：脊椎动物，哺乳动物，奇蹄目

生存年代：6000 万年至 4500 万年前

尺寸：肩高约 20 厘米

生存环境：陆生

有人说，在人类征服的所有物种中，最高贵的物种非马莫属，它们体形高大，四肢健壮，非常适合奔跑。然而，今天的马只是历经数百万年的巨大家族中的一小部分。现代马和其他近亲物种均属于马科，除现存的马属，其他均已灭绝。

世界上最古老的马生活在北半球的森林里，体形只比狗大一点儿，其大小与森林环境相适应。它们的牙齿很小，以灌木叶为食，前腿脚上长有四趾，后腿脚上长有三趾。通过对化石的研究，人们发现了马类演化的过程：体形增加，牙齿变大，牙冠更高，脚趾数量变少，由三只退化为一只。气候变化使草地环境得到空前的发展，为了适应新的露天环境，马类演化出了新的形态特征。

演化趋势

马的演化为形成演化趋势理论提供了基础，演化趋势理论认为，演化会持续不断推动某个解剖特征向前发展。例如，马在演化过程中，其体积趋于增大，有些甚至表现出一种以向前发展为导向的演化逻辑。然而，现实却与之相反。演化趋势只是一种少见的现象，有可能只是随机出现。当然，6000 万年以来，马的体积增长了很多。但发现的化石显示，有大量不同类型的马存在，当然也有很多反例，如在同一个历史时期，小型马和大型马共存。在演化过程中，偶然性依旧扮演着重要的作用，物种的演化不会趋向于任何一种目的。

另见：63/ 骇鸟

复原始祖马和现代马的对比图。始祖马长 50 厘米，没有马蹄，但有三个分开的脚趾。

俾路支兽 （3500万年至2300万年前）

比大象还大的哺乳动物

为了养活巨大的身体，俾路支兽需要花费一生的时间去进食。

身份证 67

学名：Baluchitherium
类群：脊椎动物，哺乳动物，奇蹄目
生存年代：3500 万年至 2300 万年前

尺寸：肩高约 5 米
生存环境：陆生

　　犀牛，鼻子上长有一只或两只角，是地球上最大的哺乳动物之一。目前，仅剩的 5 个犀牛物种分布在非洲和亚洲。犀牛的起源可以追溯至大约 5000 万年前，而犀牛所属的生物类群曾十分多样化，有些物种小而敏捷；有些则演化出部分水生的生活方式；还有一些体形巨大，如俾路支兽，其体重可达 20 吨，体长超过 8 米，比现在的大象还要大 3 倍！它们的鼻子上没有角，但是它们巨大的体形和长长的脖子，能让它们够到很高的树叶。

　　俾路支兽是四足动物，脊椎腔结构有助于骨架变得更轻，四肢粗壮，长有多个脚趾，可以使其重量均匀分布。其灭绝的原因有很多，目前仍存在争议，最直接的原因可能是气候的变化，由于气候变化，改变了其生存的自然环境，使绿色草地变成了岩石沙漠。

一生都在吃

演化成体形巨大的动物，也是要付出一定代价的。俾路支兽的重量，虽然远远小于体重达 200 吨的鲸鱼，但前者却是地球陆地上生活的最大的哺乳动物。地球上，重力的影响无处不在，陆生动物需要用肢体支撑巨大的重量，因此它们无法达到水生巨型动物的体积，毕竟后者受重力的影响要比前者小。为了养活如此巨大的身体，无论是水生巨型动物还是陆生巨型动物，都需要消耗大量的食物！一头 5 吨重的大象，每天要花 20 个小时进食，每天要消耗 250 公斤植物。所以，我们可以想象一下，俾路支兽则需要花费一生的时间去进食。

另见：46/ 腕龙，
47/ 帝王鳄，**61/** 真猛犸象

俾路支兽及其生活的环境艺术复原图。

刃齿虎 （250万年至1万年前）

血盆大口

刃齿虎因拥有巨大的犬齿而得其名，其犬齿可长达 20 厘米。

身份证 68

学名：Smilodon
类群：脊椎动物，哺乳动物，食肉动物
生存年代：250 万年至 1 万年前

尺寸：4 米
生存环境：陆生

这是一种与宠物猫相差甚远的大猫！刃齿虎，常被称为美洲剑齿虎，因拥有巨大的犬齿而得其名，其犬齿可长达 20 厘米，就像一把锋利的刀。

这种猫科动物生活在南北美洲。它们惊人的大嘴可以张开 120 度！长长的犬齿能帮助其猎杀各种猎物，包括大型植食动物，如野牛、骆驼、小象，甚至是雕齿兽。刃齿虎身体健壮、肌肉发达，体重最大可达 400 公斤。目前，刃齿虎出土的化石较多，有超过 120 个标本来自于美国洛杉矶中部的矿层。古生物学家利用数量众多的化石，研究气候变化对这类动物的影响。在气候比较温暖的时期，刃齿虎个体体形较大；而寒冷时期，刃齿虎体形稍显单薄，且形态不一。

为何消失？

刃齿虎消失的原因至今尚不明确。最合理的推测是其灭绝与气候变化有关，由于刃齿虎是一种非常特殊的捕猎者，它们有可能无法适应冰河时期结束后，温度的升高和环境的变化；另一种推测是史前人类猎杀刃齿虎，导致其灭绝。不过两类群体之间有过交集的证据极其罕见。2015 年，科学家们在德国一个 30 万年前的矿层中，发现了许多刃齿虎牙齿和一根肱骨，这只猫科动物被命名为似剑齿虎，曾经生活在北美洲、欧洲和亚洲。出土的这只肱骨上面有打击的痕迹，说明它曾经被人类使用过。

另见：54/ 雕齿兽，
86/ 豹变色龙

刃齿虎头部化石，其上颚令人印象深刻。

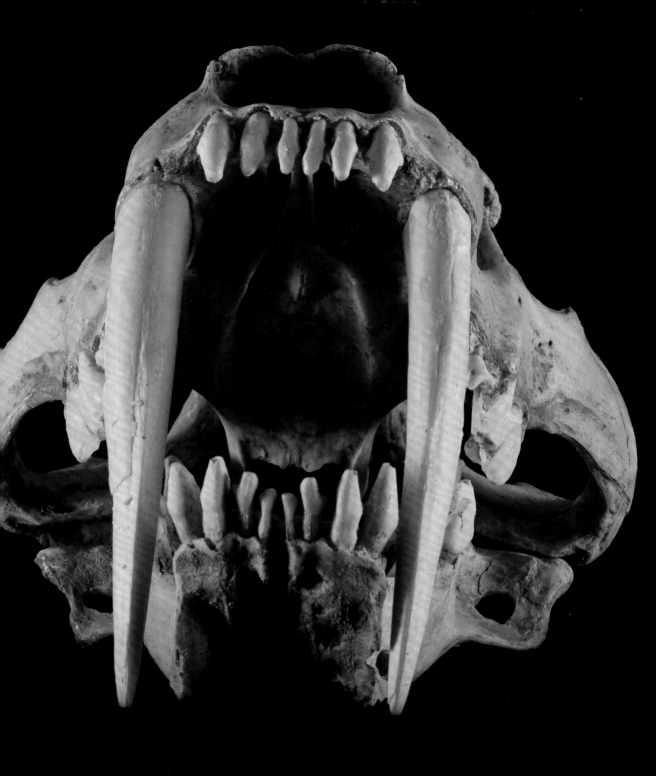

蝾螺 （大约500万年）

圣·露西的眼睛

我们在海滩上看到一些像珍珠一样白的螺盖，其实来自于蝾螺。

身份证 69

学名：Turbo
类群：软体动物，腹足纲，新进腹足类
生存年代：已知大约500万年

尺寸：几厘米
生存环境：海洋

传说在4世纪的意大利锡拉库扎，有一个名叫圣·露西的年轻女孩通过祈祷，使患有不治之症的母亲康复了。为了不背弃她虔诚的誓言，也为了远离她的追求者，她摘下自己的双眼，把它们扔进了海里！于是，我们有时候能在海滩上看到一些漂亮的、像珍珠一样白的螺盖，它们就是露西眼睛的化身。

当然，传说总是比现实浪漫！这些珍珠白螺盖，其实来自于一种被称为蝾螺的腹足动物。蝾螺具有较厚的壳，长有足，足可以将壳体上的出口关闭，以便动物体躲入其内。蝾螺的螺盖向外弯曲，内面平滑，呈螺旋形。除了海洋腹足动物，如蝾螺、滨螺，很多陆地物种也拥有这种涡轮螺盖。至于圣·露西，传说的结局是为了感谢圣·露西的虔诚，圣女玛利亚又还给了她一双更漂亮、更明亮的眼睛。

贝壳的循环利用

蝾螺的神奇不仅仅限于在海边能拾到可用于珠宝制作的美丽螺盖。寄居蟹，一种小型甲壳类动物，还会寄居在蝾螺的空壳里，背着壳跑来跑去。当寄居蟹身体变大时，它们会去寻找更大的壳，并把旧壳丢弃。最近，科学家们记录下了寄居蟹一种十分了不起的行为：科学家们组织了一场换壳大会，他们将不同大小的寄居蟹放在一起，当最大的寄居蟹找到一个适合它身体尺寸的外壳时，它便会把旧壳留给较小的个体，以此类推，一直到最小的外壳被空出来。

另见：13/ 克劳德管虫

圣·露西的眼睛——蝾螺的涡轮螺盖。

水熊虫 （9500万年）

冻结 30 年

冻结了 30 多年的水熊虫，依然可以恢复生命。

身份证 **70**

学名：Tardigrada
类群：泛节肢动物，缓步动物
生存年代：已知 9500 万年

尺寸：最大为 1 毫米
生存环境：水生或陆生

这种微小生物是极限环境的挑战冠军，是隐藏冬眠秘密的演化奇迹，它们是缓步动物。1773 年，德国动物学家约翰·奥古斯特·以法莲·哥策称其为"水熊"。水熊虫和节肢动物十分接近，目前大约有 1200 个物种。

水熊虫能够生活在所有的极限环境中，从 4000 米的深渊到海拔 6000 米的高山。不过它们最奇特的地方在于它们的抗冻能力。最近有观察表明，在零下 20℃冻结的水熊虫个体，经过 30 多年后，由科学家解冻并放置在 3℃环境下，依然可以恢复生命。实验过程中，解冻 24 小时后，两只水熊虫便重新恢复了生命功能。水熊虫之所以能恢复生命，是因为它们在冻结时，会自动排空体液，并分泌出一种含有防冻剂的神秘物质替代体液。这种演化机制使它们可以在很长时间内，暂停新陈代谢。

随处可见

水熊虫适应性极强，可以生活在任何水生或陆地环境，尤其是地衣或苔藓环境中。水熊虫身体矮胖，表面覆盖一层水膜，有的长有刺。水熊虫有四对短足，末端有可以移动的爪子。水熊虫头部有脑，嘴上长有突起，可以吸食植物细胞，甚至是微小动物内部的液体。水生水熊虫寿命接近两年，陆生水熊虫寿命更长。水熊虫为雌雄异体生物，通过交配繁殖后代，交配前会经历两性刺激阶段。交配后几天，卵子孵化，连续经过几次蜕皮，最终达到成年阶段。

另见：2/ 沃氏嗜盐古菌，
75/ 极地雪藻，**84/** 巨型管虫

扫描电子显微镜下的水熊虫，经过着色。该个体发现于肯尼亚一处火山口湖的苔藓样品中。

百岁兰（约1.1亿年）

千岁叶

这种生长在纳米比亚沙漠的神奇植物，寿命可长达 1500 年。

身份证 71

学名：Welwitschia mirabilis
类群：常绿植物，有胚植物，买麻藤目
生存年代：已知约 1.1 亿年

尺寸：直径可达 8 米
生存环境：陆生，沙漠环境

在纳米比亚沙漠，生长着一种神奇的植物，其叶片呈撕裂状向外散开。这类植物属于买麻藤目，与有花植物比较相似。它们的寿命可长达 1500 年，在没有降水的情况下可以生活 5 年，是植物界最高纪录的保持者，这种神奇的植物就是百岁兰。

百岁兰的生长方式比较奇特，它的茎又矮又粗，呈圆锥状。两片呈带状的小叶，从茎中央相对向外生长。在百岁兰的生长过程中，叶片靠近茎的基部不断长大，叶片总长度可达 4 米，而叶的顶端则逐渐枯萎，叶片会破裂并形成多个纵向带状。经过几年，一棵百岁兰看起来就像由多个窄长带状叶片组成的大型植物群，其直径可达 8 米。

百岁兰雌雄异株，通过昆虫授粉，主要生活在极度干旱的环境。每个百岁兰群落有约 1000 株个体，这些个体的年龄相差不大。

适应干旱

纳米比亚沙漠几乎不会降雨，不过来自海洋的晨雾为当地的植物带来了生存必不可少的水源。百岁兰与其他耐旱植物不同，它们没有耐旱植物身上常见的特征，如仙人掌的储水组织结构。相反，百岁兰演化出了一种能适应日夜的新陈代谢，使其得以保存生长所需要的水，叶片上长有特殊的气孔，可以直接吸收水分。此外，它还具有将水分传输到植物的中心部分的结构。这种演化为这类植物提供了另一条适应干旱环境的道路。

另见： 65/ 瓦勒迈杉，
90/ 龙血树

安哥拉纳米比亚沙漠中的百岁兰。

穿山甲 （4500万年）

小恐龙

一只穿山甲一年可以吃掉 7000 万只蚂蚁！

身份证 72

学名：Manis
类群：脊椎动物，哺乳动物，鳞甲目
生存年代：已知 4500 万年

尺寸：可达 1.5 米
生存环境：陆生

穿山甲几乎全身覆盖着鳞甲，如同一只来自侏罗纪的小恐龙。穿山甲是哺乳动物，有 5 个物种，为夜行动物，目前主要分布在非洲和东南亚。

穿山甲吻部很长，没有牙齿，主要靠长长的舌头来舔食蚂蚁和白蚁。其舌头可长达 40 厘米，有的舌头甚至比穿山甲的身体还长，而且舌头上覆盖着一种黏性物质，有助于粘住猎物。一只穿山甲一年可以吃掉 7000 万只蚂蚁！为了消化这些食物，穿山甲有一个非常独特的胃，胃中的角质刺和被吞食的矿物砂石可以将食物磨碎。为了抵御捕食者，穿山甲演化出了一种奇特的防御策略：蜷缩成球状，用鳞甲充当盾牌。鳞甲除了可以御敌，还能有效阻隔传染病。穿山甲属于鳞甲目，鳞甲目有 4500 万年的历史。从演化学来看，穿山甲物种是鳞甲目现存的唯一代表。

濒临灭绝

穿山甲是一种不会伤害人，且十分平和的动物，但它也是世界上偷猎数量最多的哺乳动物之一。人们的目的是为了获取穿山甲的肉和穿山甲的鳞甲。亚洲的有些地方将穿山甲的肉视为奢侈品，而它的鳞甲被认为是一种有多重功效的药材，还可以壮阳。在黑市上，1 千克鳞甲可以卖到 700 美元！目前，每年偷猎的穿山甲数量估计能达到 10 万只。因此，世界自然保护联盟（IUCN）已将现有的 8 种穿山甲列入"濒危物种红色名录"。穿山甲的鳞甲，本来是保护它们免受自然捕食者侵害的武器，没想到反而使它们成了人类疯狂偷猎的对象。

另见：57/ 一角鲸，
93/ 儒艮

正在掘地的南非穿山甲（津巴布韦）。

银杏（上溯至2.7亿年）

古老的树种

银杏被称为植物界的"大熊猫"，有些银杏的树龄可达上千年。

身份证 73

学名: Ginkgo biloba
类群: 常绿植物，有胚植物，银杏纲
生存年代: 已知最古老的银杏可以上溯至 2.7 亿年

尺寸: 高达 40 米
生存环境: 陆生

银杏被称为植物界的"大熊猫"，其形状古雅，有些银杏的树龄可达上千年。在 1500 万年前的侏罗纪，银杏类植物曾广泛分布，目前却仅剩银杏一个树种。

我们今天所见到的银杏树，全部来自中国东南部。目前，银杏在温带环境大规模被种植，因此较为常见。不过我们不知道在银杏的来源地，是否还存有野生个体。银杏的叶脉形式为二歧状分叉叶脉，树叶为绿色，在秋天落叶前会变成黄色。银杏没有真正意义上的开花。

历史显示，银杏能抵抗住极端环境。它们似乎不受城市空气污染的影响，甚至有的银杏树能抵抗住广岛核爆炸！银杏还具有药用价值，这可能与其含有抗氧化分子有关，可用于植物疗法和中医医疗。

有性繁殖

银杏是雌雄异体植物：雄株提供花粉，雌株产生胚珠并接受花粉。银杏胚珠长度为 1~2 厘米，在秋天降落，无论是授粉胚珠还是未授粉胚珠，都散发着一种难闻的味道。在演化的历史长河中，植物开发出了多种多样的繁殖系统：从无性繁殖（配子之间不需要相互接触）到有性繁殖，有性繁殖的植物个体经常是既有雌性结构，也有雄性结构。现存的植物大部分为有性繁殖，其最大的优点是有利于繁衍过程中基因重组，因此可以繁衍出具有适应更强环境的能力的后代。

另见: **65/** 瓦勒迈杉，
90/ 龙血树

秋天的银杏叶。

演化的创造性

从广袤的大陆到无垠的海洋，生命多样性无处不在。它们或普通平常，在日常生活中随处可见，或极具异域风情，又或是新奇特别。它们让我们迷恋，让我们感动，让我们震撼不已。它们是奇迹般的存在，是彰显创造性的生命。丰富多样的生命背后，蕴含着生物演化机制，每一个生物个体都与之息息相关。生态环境和群落环境的改变，是推动演化的强大因素，伴随着每一次改变的是生命的蜕变，抑或是消失灭绝。世界上并不存在所谓的一成不变，正因为有了千变万化，才有了生物多样性。我们要谨记的是，生命多样性始于37 亿年前，而我们所处的时代，只不过是生命多样性伟大历史长河中，一个非常短暂的阶段，未来还有更长的时间，但生命的脚步永不会停止……

秋季花楸树枝头上的蓝山雀（英格兰）。

钝猛蚁 （蚂蚁已知有1 亿年历史）

同类相食的蚂蚁

成年蚂蚁会刺穿幼体，并吸食血淋巴，但这种吸血行为并不会致命。

身份证 74

学名：Amblyoponinae	尺寸：毫米级到厘米级
类群：泛节肢动物，昆虫，膜翅目	生存环境：陆生
生存年代：蚂蚁已知有 1 亿年历史	

　　钝猛蚁因其进食方式，被称为"吸血鬼蚂蚁"。成年蚂蚁会刺穿幼体，并吸食血淋巴（相当于脊椎动物的血液）。庆幸的是，这种吸血行为并不会致命，在被吸食后，幼虫很快就可以愈合，并且不会影响幼虫继续发育生长。

　　这种非破坏性的同类相食，是一种特别有效的演化策略，成年体可以在不杀死幼体的情况下得以生存。钝猛蚁分布在撒哈拉以南的非洲、东南亚和澳大利亚。最近，人们在马达加斯加发现了新物种。钝猛蚁的头部比身体的其他部位更宽大，雄性头部长有扁平状的细毛。它们的上颚内部长着两排牙齿，腭部狭窄、有力，可以大范围张开，以便捕获体积较大的猎物，还可以相互闭合，充当防御武器。

社会性昆虫

蚂蚁是群体生活的社会性昆虫的典范。和其他蚂蚁一样，钝猛蚁的社会组织形式因物种不同而不同。成年的个体大多是雌性蚂蚁，如大大小小没有翅膀的工蚁，以及形态特征介于蚁后和工蚁之间的蚂蚁，不过后者的功能还不确定。雄性蚂蚁也有不同的形态，但是，目前还不知道它们各自是如何分工的。蚁后通常有翅膀，负责产卵。不过有的钝猛蚁的蚁后形态同其他蚂蚁物种的工蚁十分相似。

另见：85/ 七星瓢虫

钝猛蚁刺穿并吸食幼体（巴布亚新几内亚）。

极地雪藻 （现存物种）

冰川之血

被称为"冰川之血"的极地雪藻，对冰川融化有着直接的影响。

身份证 `75`

学名：Chlamydomonas nivalis
类群：常绿植物，绿藻
生存年代：现存物种

尺寸：直径可达 50 微米
生存环境：水生

冰川为高山和极地披上了一层雪白的地毯，如果上面覆盖了岩石沉积物和污染物，白色会变成黑色。但是到了春天，有时候又会呈现一片粉红色，甚至是红色，让人惊叹不已。

这层颜色来源于一种被称为"冰川之血"的极地雪藻，其孢子含有红色色素——类胡萝卜色素。当阳光照射变强时，表面冰层融化，为极地雪藻的生长发芽提供了必要的水分。这种藻类能适应极端的生活环境，十分耐寒，并能抵御强烈的太阳辐射。目前，由于气候变暖，北极地区冰川融化，极地雪藻加剧了融化现象：事实上，极地雪藻对冰川融化有着直接的影响，因为雪藻的存在，使冰川表面的反射能力降低，从而吸收更多的太阳辐射，导致融化程度加重。

在冰川表面的微生物世界中，极地雪藻处于食物链底端。

防紫外线色素

最新的科学研究结果，使我们对极地雪藻的生活方式有了更深入的了解。它们适应了 0℃ 以下的温度，但并不意味着它们完全成了低温的傀儡。有实验表明即使在零下 4℃，它们依然能正常生长。这种藻类能演化出一种强大的适应策略，可以抵抗非常低的温度：它们会制造一种不饱和脂肪酸，能够保障体膜内液体的流动，不会因为温度太低而导致冻结爆裂。此外，红色色素可能具有保护作用能够抵御夏季冰面极其强烈的紫外线辐射，这种辐射会伤害任何活细胞。因此，高浓度红色色素其实是一种天然的保护剂。

另见：2/ 沃氏嗜盐古菌，**70/** 水熊虫，**84/** 巨型管虫

南极"血雪"现象，这种颜色与高浓度极地雪藻有关。

茅膏菜（现存物种）

食肉植物

茅膏菜能将困在植物囚笼中的昆虫消化掉。

身份证 76

学名：Drosera
类群：常绿植物，有胚植物，被子植物
生存年代：现存物种

尺寸：可达 30 厘米
生存环境：陆生

　　在开花植物世界中，食虫植物尤其稀少，而这种小型食虫植物的外观，更是令人印象深刻。查尔斯·达尔文为了了解它们的进食方式，曾开展过细致的研究。

　　茅膏菜通常生长在土壤为酸性，且水资源充足的沼泽地或潮湿的荒野。由于生长环境的土质比较疏松，茅膏菜的根系通常不发达。茎的顶端开花，底部长有呈玫瑰花状的叶片，这些叶子其实是非常厉害的陷阱。叶子上有长度为几毫米至 1 厘米的腺毛，毛的末端有小"露珠"。这些由茅膏菜分泌出的"露珠"，明亮光泽、气味幽香，且黏稠，能够吸引并困住昆虫。一旦昆虫被抓住，茅膏菜便会沿着叶子，缓慢地卷起腺毛，将猎物禁锢起来。然后，位于叶表面的腺体会分泌出一种酶，两天内就将困在植物囚笼中的昆虫消化掉，最后只留下它的外壳。

一种有用的植物

茅膏菜属于食虫植物，曾被中世纪的炼金术士用来治疗咳嗽和肺部疾病。因为它具有活性成分，并且有镇咳和抗菌特性，还被列入现代医学的 200 多种制剂中。不过，由于医学方面的应用，使茅膏菜面临生存危机，被列为保护物种。首先，在茅膏菜的原生栖息地，即泥炭地被大量开采；其次，茅膏菜的栖息地面积大幅减少，进一步加剧了这类物种的灭绝。不过，在茅膏菜的栖息地，还生活着一种与它们关系密切的植物——泥炭藓。因园艺需要，人们大量种植泥炭藓。有朝一日，泥炭藓的种植，有可能使人工培养药用茅膏菜成为现实。届时，野生茅膏菜将免受人类的开采。

另见：48/ 古果 & 钟形花，
89/ 大王花

正在消化昆虫的茅膏菜（苏格兰凯恩戈姆国家公园）。

蜜环菌 （蘑菇已知至少有 4.4 亿年历史）
双项记录

蜜环菌既不属于动物，也不属于植物，而是自成一派。

身份证 `77`

学名：Armillaria
类群：蘑菇，真菌
生存年代：蘑菇已知至少有 4.4 亿年历史

尺寸：已知最大的菌株可达 9 平方千米
生存环境：陆生

　　真菌种类繁多，有些真菌拥有菌盖和菌柄，而有的则拥有不同的形状，如松露和酵母。真菌和动物一样，为异养生物，它们从已有的生物体身上吸收有机物，作为自己的营养，而它们的细胞壁又和植物接近。但它们既不属于动物，也不属于植物，而是自成一派。真菌可广泛用于制药行业，如青霉素，由青霉菌提炼而成。很多真菌还可以食用，如酵母等可以用来制作面包和奶酪，或是酿造啤酒。此外，还有一些有毒真菌，会引发各种疾病，有些疾病对哺乳动物来说，甚至是致命的。

　　蜜环菌主要生长在枯树上，不过有时也会寄生在活体树木上。它们可以借助其他微生物，破坏已死亡的有机物质，以防止后者堆积。和其他真菌一样，蜜环菌露出地面的部分，只是它们的生殖器官，而地底下还长有一张巨大的、盘根交错的菌丝网。蜜环菌曾一次打破了两项纪录：2003 年，在美国俄勒冈州，研究人员发现了一株令人震惊的蜜环菌，其扩张范围接近 9 平方千米，其年龄可能有 1900 ～ 8650 岁！

冰山一角

真菌的物种数量难以估计。演化总是给我们设置了一个又一个陷阱，迷惑我们，如"隐蔽物种"陷阱。真菌各物种的解剖结构与形态十分接近，然而，通过基因分子分析，我们会发现它们实际上属于不同的演化个体。真菌物种数量繁多，但在没有认清它们基因特征之前，我们很难断定其物种的具体数量。例如镰刀真菌，一种谷物、水果或蔬菜的寄生真菌，之前科学家曾认为，镰刀真菌只有 1 个物种，但真实的物种数量其实是 9 个。因此，真菌的物种多样性肯定被低估了，而我们现在发现的真菌物种，可能只是冰山一角。

另见：32/ 多头绒泡菌

蜜环菌菌落（法国汝拉山脉）。

绿瘦蛇（现存物种）
3D 视觉

这种蛇吞食一只鸟，需要花将近 70 分钟的时间。

身份证 78

学名：Ahaetulla nasuta

类群：脊椎动物，有鳞目，蛇类

生存年代：现存物种

尺寸：可达 2 米

生存环境：陆生

　　几乎在全世界都可以看到蛇的踪影，但绿瘦蛇只出现在东南亚地区，尤其是印度。绿瘦蛇有着不同寻常的外观，身体瘦长，且趋向于只长长不长粗，外观与丝带或鞭子类似。其头部呈三角形，比身体宽，头前端逐渐变尖，较扁平。眼睛颇具特色，瞳孔呈一条横线状，而且它们具有立体视觉，可感知立体环境。

　　每次感到危险时，绿瘦蛇会让自己的身体鼓起来，这样看起来会比实际更大。绿瘦蛇属于树栖动物，其身体为亮绿色，可帮助它轻易地藏身于树叶中。它们以小型脊椎动物、蜥蜴、啮齿动物，甚至是其他蛇为食。绿瘦蛇咬人时会释放毒液，不过这种毒液还不会置人于死亡。有博物学家曾观察到，这种蛇在脖子的帮助下，将一只鸟死死咬住，小鸟经过了大约 10 分钟的痛苦挣扎后便死亡。然后，绿瘦蛇从头部开始，将鸟吞进身体，但整个吞食过程并不容易，绿瘦蛇为此花了将近 70 分钟。

蠕行

在演化过程中，蛇的脊椎骨数量急剧增加，有些蟒蛇的脊椎骨数量超过 400 根！数量众多的脊椎骨使它们采用了一种独特的移动方式：蠕行。蛇没有四肢，属于无足类动物。不过，早期的蛇类是有腿的，蛇的近亲物种，变色龙便可以证明。此外，在一条长达 20 厘米的 1.1 亿年前的化石蛇身上，科学家发现了肢体的残余部分！只不过，在演化的推动下，蛇的肢体渐渐退化，并适应了蠕行的移动方式。蛇并不是唯一的蠕行动物，有的蜥蜴（如无腿蜥蜴玻璃蛇）和两栖类动物（蚓螈）也是蠕行。

另见： 42/ 异齿龙

处于攻击姿势的绿瘦蛇（印度果阿）。

美西钝口螈 （滑体亚纲已知有2.4亿年历史）

青春永驻

从幼年到性成熟，美西钝口螈的身体都一直保持着幼态形式。

身份证 79

学名：Ambystoma mexicanum 尺寸：可达 30 厘米长
类群：脊椎动物，滑体亚纲 生存环境：陆地，湖泊
生存年代：滑体亚纲已知有 2.4 亿年历史

美西钝口螈似乎可以永葆青春，它们是一种特殊演化的代表：幼态延续。成年的美西钝口螈与相近物种的幼态形式相似。换句话说，就是具有生殖能力的成年美西钝口螈，依然能保持幼体的外表，而且终身具有长着绒毛的外鳃。美西钝口螈很容易辨认，头部长着三对向外凸出的外鳃，身体纤长呈暗色，介于黑色和棕色之间，有的为蓝色，极少数为白色。其尾巴很长，四肢很短。

与其他两栖类动物不同，美西钝口螈终生都生活在水中。从幼年到性成熟，身体都一直保持着幼态形式，没有发生变化。而其他两栖类动物，如青蛙和蝾螈，则需要经历从幼态（如蝌蚪）到成年的蜕变过程。如今，人们经常可以在水族馆看到美西钝口螈，而野生物种主要生活在墨西哥中部的两个地方，其海拔超过 2000 米。美西钝口螈为肉食性动物，一般以小鱼、幼虫、蠕虫或小型甲壳类动物为食。

非典型生长

长期以来，生物演化专家一直都在对物种生长发育事件的时间点差异进行研究，即发育的异时性研究。幼态延续与生长放缓有关，性成熟年龄不变。其结果是，幼态外观延续至成年阶段。除此之外，还有一种变化现象是幼年性早熟，成年状态和相近物种的幼年状态相似。当然，也有相反的现象，即生长加速，如菊石动物可发育出超级成熟的形态。有研究发现，与生长加速的逆现象相比，幼态延续比较罕见。

另见： 22/ 盗首螈，
80/ 箭毒蛙

水里的白化美西钝口螈，生活在墨西哥。

箭毒蛙 （滑体亚纲已知有2.4亿年历史）

有毒的青蛙

箭毒蛙色彩鲜艳的外表，是对捕食者的一种警告信号。

身份证 80

学名：Dendrobatidae　　　　　　尺寸：可达 6 厘米

类群：脊椎动物，滑体亚纲　　　　生存环境：陆生

生存年代：滑体亚纲已知有 2.4 亿年历史

　　这是一种色彩艳丽的小青蛙，生活在南美和中美洲的热带雨林，但它们闪闪发光的颜色中，隐藏着一个强大的武器。许多动物通过伪装来防御捕食者，而箭毒蛙则与之相反。它们的身体表面会分泌毒素，而色彩鲜艳的外表，是对捕食者的一种警告信号。捕食者只要接触过一次它们的毒素，就再也不会尝试第二次。因此，在捕食者面前，箭毒蛙并不需要伪装，其鲜艳的外表反而成了危险的代名词。

　　在这类青蛙中，金色箭毒蛙尤其特别，它们是毒性最强的一种箭毒蛙，全身呈鲜明的橘色或黄色，有的呈绿色。它们可以分泌出动物世界中毒性最强的毒素之一，分泌的毒素储存在皮肤的腺体中，可以致人死命。尽管如此，它们仍有天敌，那就是小型树栖毒蛇横斑滑蛇（Liophis epinephelus），这种蛇能够抵抗箭毒蛙的毒素。

毒素的由来

一些印第安部落会使用箭毒蛙的天然毒素来涂抹箭头，这也是箭毒蛙名字的由来。不过，并不是所有的箭毒蛙都能分泌出对人体有害的毒素，大部分毒素只能对皮肤产生刺激。这种毒素可能有一部分来源于箭毒蛙的食物，尤其是昆虫。因此，幼体蝌蚪没有这种毒素，而被捕获后人工饲养的箭毒蛙，也很快会丧失高达 50% 的毒性。在自然条件下，箭毒蛙会改变昆虫体内的生物碱，将其浓缩并转化为强大的毒素。

另见：22/ 盗首蝾，
79/ 美西钝口螈

原产于南美洲的蓝色箭毒蛙。

蜜袋鼯 （大约200万年）

有袋动物中的滑翔机

蜜袋鼯善于滑翔，每次滑翔距离可超过 100 米。

身份证 `81`

学名：Petaurus breviceps   **尺寸**：大约 40 厘米
类群：脊椎动物，哺乳动物，有袋类   **生存环境**：陆生
生存年代：已知大约 200 万年

    走在澳大利亚的桉树林中，可以发现一种奇特的动物，它们从一个枝头飞到另一个枝头。这种动物名叫蜜袋鼯，属有袋哺乳动物，体形和猫相似。

    蜜袋鼯可以滑翔，因为它们身体的两侧，前后腿中间长有两个薄膜。其吻部比较尖，头上长着一对很有辨识度的椭圆形耳朵，耳朵的外表面有毛发覆盖，而内表面则几乎无毛。其身体长着一层棕色毛发，身后长着长长的尾巴。蜜袋鼯为夜行独居动物，以树叶为食，常生活在空心的枯树干中。不过，为了养护森林，这些枯树常被人类砍掉，因此蜜袋鼯的自然栖息地受到破坏。

    蜜袋鼯每次滑翔的距离可超过 100 米，它们可以用尾巴控制方向，即可以笔直滑翔，也可以有方向性地滑翔。蜜袋鼯主要生活在树冠上，可在树之间滑翔移动。蜜袋鼯幼崽一般出生在 4 ～ 6 月。出生后，蜜袋鼯会在母亲的育儿袋中待 4 个月，随后，继续在母亲背上生活 3 个月，同时学习滑翔的技能。

幸存者

目前有许多例子显示，生物的多样性受到损害。但有的时候，科学家们也会遇到惊喜，重燃希望，比如观察到某个物种存活的证据。1994 年，澳大利亚皇家国家公园遭受了巨大的森林火灾。在这之后的 20 年间，人们在那里再也没有见到蜜袋鼯的身影。2012 年 3 月，黄昏时分，一位正在观察鸟类的科学家意外发现了蜜袋鼯。之后，这次发现的真实性得以证实，虽然我们还不确定发现的蜜袋鼯只是一个孤立的个体，还是属于迁徙到这里的群体，但证明物种的存在，总比证明它们灭绝更加容易，没有发现可能仅仅意味着这类物种将自己隐藏得很好。

另见：50/ 短尾矮袋鼠，
60/ 塔斯马尼亚虎

澳大利亚短尾蜜袋鼯。

赫摩里奥普雷斯毛虫（现存物种）

长着蛇头的毛毛虫

这类毛虫为了保护自己，可以模仿蛇头的形状。

身份证 82

学名：Hemeroplanes triptolemus
类群：泛节肢动物，昆虫，鳞翅目
生存年代：现存物种

尺寸：翼展为几厘米
生存环境：陆生

这种飞蛾的身体相对厚实，翅膀狭窄，适合快速飞行。它们属于天蛾科，天蛾呈世界性分布，主要在热带地区。

飞蛾由毛虫蜕变而来，毛虫长几厘米，身体颜色丰富多彩，几乎所有的毛虫都可以竖起身体前部，摆成埃及狮身人面像的造型。而有一种毛虫非常惊人，那就是赫摩里奥普雷斯毛虫。这类毛虫为了保护自己，可以模仿蛇头的形状，一旦危险解除，又会恢复正常的外观。伪装时，它们身体的前端会膨胀起来，通过不同结构和颜色的组合，能够十分逼真地模仿出蛇的鳞片、鼻孔和眼睛，从而吓退捕食者，甚至是欺骗人类。当然，如果我们仔细靠近观察，就会发现这些毛虫根本不具备毒牙等任何蛇的特征。

模仿

观察这种蛇形毛毛虫其实很复杂。一方面，它们生活在人类很难抵达的区域；另一方面，这种模仿只有在它们意识到危险时才会发生，在人工采集的个体上根本不会出现。首次被发现还是几年前的事情，一位哥斯达黎加博物学家晚上出去时，发现眼前有一条"小蛇"。拍几张照片的工夫，"蛇"就恢复成了毛虫形状，原来它只是一条假蛇啊！实地观察是一项极其重要的生物多样性研究方法。这种方法可以让我们收集自然条件下，物种生活方式的原始信息，既有助于我们了解物种的地理分布情况，又可以帮助我们衡量生物个体在自然环境中的稀少程度。

另见：53/ 乌贼，
86/ 豹变色龙

模仿毒蛇的蛇形毛虫（哥斯达黎加）。

绿叶海蜗牛 （现存物种）

可以进行光合作用的动物

绿叶海蜗牛会利用叶绿体进行光合作用，使之成为食物来源。

身份证 83

学名：Elysia chlorotica
类群：软体动物，腹足纲，异鳃总目
生存年代：现存物种

尺寸：几厘米
生存环境：陆生

腹足动物几乎都有一个漂亮的保护壳，但蛞蝓却没有，生活在海洋中的海蛞蝓也不例外。

不过，这种叫作绿叶海蜗牛的小海蛞蝓具有美丽的绿色。这有什么稀奇的呢？当然稀奇，因为这种绿色，来自于它们身体内的叶绿体，绿叶海蜗牛可以将摄入藻类的叶绿体储存起来。它们能够穿透藻类隔壁，吸收里面的物体，尤其是叶绿体。按理说，能够进行光合作用的叶绿体，仅存在于植物和藻类中。但一般情况下，被摄入的叶绿体很快便会被消化。但绿叶海蜗牛会将叶绿体储存在身体里长达数月之久，使身体呈现出绿色。它们甚至会利用这些叶绿体进行光合作用，使之成为食物来源。因此，它们不再需要进食，可以过一种自给自足的生活。它们体内的叶绿体不会遗传到下一代，幼体身体的颜色为棕色，只有摄入叶绿体后，才会慢慢变成绿色。

偷基因

大量深入研究表明，摄入的叶绿体数量和活性，不足以维持绿叶海蜗牛的生命。为了更详细地了解这类海蛞蝓，科学家们对它们的基因组进行了分析。其结果是令人惊讶的：绿叶海蜗牛拥有和摄入藻类一样的基因！由此可见，在演化过程中，绿叶海蜗牛偷走了海藻的基因！而且偷走的基因能够延续其功能，帮助它们进行光合作用。于是，便有了自然界中天然的转基因案例。科学家将这种"基因偷盗"行为称为基因横向转移。横向转移是指两个没有亲缘关系物种之间的基因转移，而祖先和后代之间的基因传递，被称为基因纵向转移。

另见：51/ 衣笠螺，
69/ 蛛螺

海藻上的绿叶海蜗牛（法国奥莱龙岛）。

巨型管虫 （最早的环节动物已知有5.6亿年历史）

深海巨型虫

巨型管虫生活在 2500 米的海底，是一种很奇特的环节动物。

身份证 `84`

学名：Riftia	**尺寸**：可达 2 米
类群：环节动物	**生存环境**：海生
生存年代：最早的环节动物已知有 5.6 亿年历史	

　　蠕虫广泛分布于陆地和水生环境。在深海底部，生活着一种巨型海洋管栖蠕虫，名为巨型管虫，它们生活在 2500 米的海底，是一种很奇特的环节动物。

　　巨型管虫生活在它们分泌而成的管状物中，其长度可达 2 米。这种管状结构可以起到保护作用，免受捕食者的攻击。在恶劣环境下，还可以充当安全避难所。一般情况下，数十只巨型管虫群体会生活在一起，这些管虫既没有口，也没有肛门，甚至没有消化系统! 它们和体内数百万的细菌共生。这些细菌不需要阳光，可以利用环境中已有的元素（如硫化氢）进行化学合成，并将它们转为营养物质，这一过程称为化能合成作用。巨型管虫会使用触须将水中的化学元素输送给体内的细菌。巨型管虫和体内细菌两者相依为命，是共生生活的真实写照。

黑暗中的生命

在众多生命中，以化能合成为基础的生命非常少见。生物演化更有利于通过光合作用，基于转化阳光能量的代谢。不过，化能合成的生命已经完全适应了没有一丝光线的深海环境。当然，巨型管虫并不能生活在任意一处海底，因为它们需要找到足够的化学物质，来喂养与它们共生的细菌。所以，它们主要生活在有热源的海底，喷出来的热水看起来像冒出的黑烟。这些热水来自海洋地壳，温度可达 300℃，富含化学物质，滋养出了一套完整的海底生态系统，这个系统由巨型管虫、贝类、腹足动物、虾和藤壶等共同组成。

另见：2/ 沃氏嗜盐古菌，**70/** 水熊虫，**75/** 极地雪藻

太平洋海底观察到的巨型管虫群落。

七星瓢虫 （最早的七星瓢虫已知有5.5亿年历史）

背着七个圆点

七星瓢虫是非常厉害的捕食者，一天可以吃掉近百只蚜虫！

身份证 85

学名：Coccinella septempunctata　　　尺寸：小于 1 厘米
类群：泛节肢动物，昆虫，鞘翅目　　　生存环境：陆生
生存年代：最早的七星瓢虫已知有 5.5 亿年历史

传说中，它们是上帝派来的吉祥物。七星瓢虫有一个圆形的黑色头和一对漂亮的鞘翅，每只鞘翅上各有三个黑点，第七个黑点位于两鞘翅中间的连接处。鞘翅是坚硬的前翅，具有保护作用，在静态时，可以保护甲虫的后翅。

我们常常可以看到慢悠悠飞行或是走动的七星瓢虫，它们看上去十分友好平和。但实际上，它们是非常厉害的捕食者，一天可以吃掉近百只蚜虫！七星瓢虫和其他昆虫（如蝴蝶或苍蝇）一样，从幼虫到成虫需要经历一次完整的形态上的蜕变，这个过程在动物学上被称为变态。七星瓢虫的幼虫可长达 1 厘米，幼虫变成蛹，最后再蜕变成成虫。七星瓢虫是蚜虫的天敌，因此，有机农业可用其防治害虫。

同类相食

这种漂亮的小昆虫，还是同类相食的动物。当然，它们并不是唯一的同类相食的动物，很多食肉昆虫，甚至其他生物如头足类动物、蛇或鲨鱼，都会同类相食。在不利环境下，同类相食可以是一种生存策略，对生物演化的影响十分重要。通过吃掉雄性，雌性可以获取一部分繁殖所需要的能量。这种策略还可以淘汰弱小的后代，从而给更强壮的后代留下更多生存机会。雌性七星瓢虫还有分辨虫卵的能力，它们会吃掉其他雌性产下的卵，从而保护自己的后代。

另见：74/ 钝猛蚁

正在飞行的七星瓢虫（法国勃艮第）。

豹变色龙 （鬣蜥已知有1.53亿年历史）

完美的伪装

豹变色龙的变色是一种伪装策略，可以防御敌人。

身份证 86

学名：Furcifer pardalis

类群：脊椎动物，有鳞目，鬣蜥属

生存年代：鬣蜥已知有 1.53 亿年历史

尺寸：可达 60 厘米

生存环境：陆生

变色龙是真正的变形艺术家。它们有两只大大的眼睛，眼球能独立转动，因此每只眼睛能观察到不同的区域。它们的舌头非常实用，粘有黏稠唾液的长舌头，可以逮到很远的猎物。变色龙遍布非洲大部分地区，以及印度和南欧。

变色龙身体颜色的改变具有两种功能：一方面，变色属于一种社会性行为，这是和其他变色龙的沟通信号，不同颜色代表不同的意思。在某些物种中，雄性变色龙在繁殖期间会呈现出特定的颜色，但如果它们被雌性拒绝，则呈现出另外一种颜色。另一方面，变色是一种伪装策略，可以防御敌人。它们虽然能够改变颜色，但始终保留着一些相对不鲜艳的颜色。所以无论如何，它们身体的颜色都不能变得像方格桌布一样整齐。这种变色机制以皮肤色素细胞为基础，并且直接受神经系统的控制。因此，其变化响应时间非常快，接近秒级。

社交行为

颜色变化是一种演化适应，具有复杂的双重功能，而这些功能还有待研究和解释。在最近的一项研究中，研究人员试图揭开它的真面目。颜色变化到底是个体间社交行为的演化适应，还是更多以伪装御敌为目标的环境适应呢？研究人员研究了自然环境下的变色龙，以及它们的亲缘关系和伪装类型。研究发现，颜色变化较大的物种，通过与周围植被形成反差，更容易被同类发现，例如在繁殖阶段。由此看来，颜色变化似乎与社会性交流模式有着根本的联系，而伪装只是这种演化适应的"副产品"。

另见：53/ 乌贼，
82/ 赫摩里奥普雷斯毛虫

雄性豹变色龙（马达加斯加）。

川金丝猴 （灵长类动物已知有5500万年历史）

濒临灭绝

雄性川金丝猴为了获得在群体中的统治地位，会杀害其他雄性的幼儿。

身份证 87

学名：Rhinopithecus roxellana
类群：脊椎动物，哺乳动物，灵长目
生存年代：灵长类动物已知有 5500 万年历史

尺寸：可达 70 厘米
生存环境：陆生

川金丝猴无疑是世界上最美丽、最可爱的猴子之一。它们的脸呈漂亮的蓝色，身体覆盖着长长的橙色毛发，向上翘的鼻子颇具特色。川金丝猴属于灵长目猴科，这个家族主要分布于非洲和亚洲，共有 14 个物种，包括狒狒和猕猴。川金丝猴生活在中国中部海拔 1500~3500 米的山区森林环境中，那里经常被雪覆盖。它们可以生活在针叶树和落叶树混合的森林里。根据季节变化和植物供应情况，川金丝猴主要以树叶、水果、种子、芽，甚至是树皮和地衣为食。

川金丝猴每个群体大概能容纳 70～300 个个体，每个个体的领地为 3～30 平方千米。如今，这类物种的生存受到巨大威胁，主要原因在于人类行为，尤其是砍伐森林。目前，它们仅分布在六个孤立的山区。最近的一项科学研究提出，要建立连接这六个山区的森林走廊，促进不同群体之间的交流，从而使该物种得到更好的保护。

杀婴的素食者

最近一项研究，揭示了川金丝猴的一种奇怪行为：杀婴。2006 年至 2014 年期间，研究人员在一处保护区内，仔细观察了它们的行为。在繁殖季节里，发生了三起杀婴事件，雄性川金丝猴为了获得在群体中的统治地位，犯下了这些罪行。通过杀害其他雄性的幼儿，无须抚养幼儿的雌性，能够尽快再次进入生育阶段。这种行为使雄性能更好地确保自身基因的遗传，符合性选择机制，并将同一物种的其他个体置于竞争位置。这种现象同样存在于许多其他物种中，如狮子和海豚。

另见：62/ 尼安德特人，
99/ 眼镜猴

雌性川金丝猴和它的幼猴（中国秦岭）。

极乐鸟（现存物种）

激情洋溢的雄鸟

在繁殖季节，为了吸引雌性，雄性的极乐鸟会进行热情洋溢的表演。

身份证 `88`

学名：Paradisaeidae
类群：脊椎动物，主龙类，鸟类
生存年代：现存物种

尺寸：翼展可达 110 厘米
生存环境：陆生

极乐鸟生活在热带雨林中，在新几内亚和澳大利亚均有分布。它们是食果鸟，属于极乐鸟科，这种神奇的家族大概有 40 个物种。极乐鸟拥有奢华的外观，其羽毛形状多样、颜色华丽，颈部有非同一般的翎毛，胸部有闪闪发光的胸翎。

它们身体总体构造近似于乌鸦，喙部短而厚，脚部粗壮有力。极乐鸟为性别二态性动物，雌性和雄性具有很大的不同，尤其是羽毛区别很大，雄性羽毛更加丰富，色彩更加鲜艳。

这类鸟还因其令人难以置信的求偶表演而出名。在繁殖季节，雄性会进行热情洋溢的表演，将飞行、舞蹈，甚至歌曲等不同技巧糅合在一起。有些雄性会大胆地站在高约 30 米的树上大声歌唱，然后以一种令人震惊的方式向下俯冲，再挥动双翅往上飞。还有的会改变自己的外貌，变化之大以至于我们都很难认出它们来。当然，所有这些都只是为了吸引雌性，为了表示自己是最美丽、最适合交配的雄性。

性选择

极乐鸟性别二态性现象，同样出现在其他许多动物身上，这种现象反映了被称为"性选择"的生物演化机制。同一物种的不同个体，在生育繁衍上进行竞争，如果一个雄性比另一个更优秀，他将得到更多传递自身基因的机会。这是自然界中上演的繁殖竞赛，反过来又推动了性别二态性的发展。雄性越突出，繁殖的机会就越多，其基因传递到下一代并扩大到整个群体的机会就越大。有的鸟类，如乌鸦，雄性的喙部颜色可以显示它们的健康状况，雌性可以通过这点对雄性进行选择。极乐鸟中的雄性则通过一系列特征吸引雌性，如色彩、表演和歌唱等。

另见：49/ 圣贤孔子鸟

张开绚丽双翅的雄性极乐鸟。

大王花（现存物种）

寄生花

为了吸引腐食昆虫，大王花会产生一种特有的腐臭气味。

身份证 89

学名：*Rafflesia arnoldii*
类群：常绿植物，有胚植物，被子植物
生存年代：现存物种

尺寸：直径可达 1 米
生存环境：陆生

这种开花植物既没有茎、没有叶，也没有真正意义上的根。不过，它们是当今世界上最大的花朵，是名副其实的演化奇迹。

大王花具有独特的外观，除此之外，它们还会产生一种特有的腐臭气味，而散发这种气味是为了吸引腐食昆虫。大王花为雌雄异株，昆虫在雌株和雄株之间穿梭，帮助它们授粉。

大王花非常容易辨认：五个红色花瓣上点缀着白色斑点，花瓣围绕着一个圆口槽，槽内有生殖器官。花蕾为栗色、球状，直径可达 40 厘米。大王花生活在印度尼西亚的原始森林中，是该国重要的植物。不过，因大王花生殖周期的特殊性，对其观察和研究有一定难度，其花蕾需要生长几个月才开花，而花期特别短，只有几天。

由于大王花生活的森林遭到人类大规模开发，目前它们正面临着灭绝的危险。

协同演化

大王花还有一个怪异之处，是它们属于寄生植物，寄生于另一个植物（葡萄科藤属植物）身上。而且所有属于大王花科的物种，均为寄生植物，寄生是这个群体演化的共同特征。寄生是指两个物种一起生活，而其中一个物种受益于另一个物种。这种关系对演化的影响非常重要，因为它会引起协同演化，也就是说被寄生的物种会产生防御机制；而反过来，寄生物种又会演化出更强大的寄生策略。协同演化意味着两个物种在演化过程中会相互影响、共同演化。研究表明，这种协同演化已经经历了数千万年。

另见：48/ 古果 & 钟形花，
76/ 茅膏菜

苏门答腊岛南巴里桑山国家公园丛林中的大王花。

龙血树 （现存物种）

会流血的树？

龙血树脂可用于传统医药，还能被制作成涂抹嘴唇的口红。

身份证 90

学名：Dracaena cinnabari
类群：常绿植物，有胚植物，被子植物
生存年代：现存物种

尺寸：高度可达 20 米
生存环境：陆生

    索科特拉岛位于亚丁湾也门海域，是一座很原始的岛屿，同时也是一座孕育了奇迹的岛屿。这座岛上生长着一种特有树种——龙血树。龙血树零散分布在岛上，很容易辨别，树枝长在树干顶端，枝叶密集，形似伞状。树叶一年四季都是绿色，又细又长。

    从演化学角度来看，2000 万年前，这个区域覆盖着亚热带森林，而这个树种是这座森林留下来的遗迹。大约 900 万年前，索科特拉岛与大陆分离，断绝了龙血树与非洲大陆其他物种的联系，使之独立演化。

    索科特拉岛的龙血树能产生一种鲜红的树脂，被称为"龙的血液"，这也是树名的由来。龙血树脂可用于当地的传统医药，并且还被制作成具有多种用途的染料，例如涂抹嘴唇的口红。目前，这种神奇而宏伟的树正受到威胁，不是因为树脂的开采，而是因为气候变暖，导致岛上普遍干涸。

保护伞

龙血树灭绝造成的后果，不单单是一个物种的消失，因为它们的伞状树冠是当地植物生态系统不可或缺的重要组成部分。其保护伞为生活在这个纬度环境下的生物提供宝贵的树荫。相关物种的统计数量超过 100 种，其中包括 30 种只能生活在龙血树伞下。另外，这把保护伞还是大气中的集水器，能够收集周围空气或雾气中的水分。一颗颗小水滴沿着树叶流动，降落下来，形成树下小雨，使土壤保持湿润，促进了其他物种的发展。如果龙血树消失，则意味着索科特拉岛上一个完整的植物生态系统将不复存在。

另见：71/ 百岁兰

龙血树和树荫（也门迪克萨姆高原）。

鮟鱇鱼 （现存物种）

深海怪物

在没有光线的深海中，它们头顶发光的小灯笼是引诱食物的完美利器。

身份证 | **91**

学名：Melanocetus johnsonii
类群：脊椎动物，硬骨鱼类
生存年代：现存物种

尺寸：可达 20 厘米
生存环境：海生

　　强生氏鮟鱇鱼看起来，就像一只自由穿梭于 4000 米漆黑深海中的怪物。强生氏鮟鱇鱼属于鮟鱇目，这个大家族也被称为会钓鱼的鱼。大部分雌性鮟鱇鱼头上有一个突起，是由第一背鳍向上延伸而成。突起的末端有一根杆，杆上有个发光的小灯笼，可以吸引猎物。在没有光线的深海中，头顶上发光的小灯笼可以说是引诱食物的完美利器。

　　鮟鱇鱼看起来像一个胖球，球的尾部有一个短小的尾鳍。它们的嘴巴令人印象深刻，长着巨大而锋利的牙齿，嘴巴可以张很大。鮟鱇鱼的胃可以鼓起来，因此能吞下比它们还大的猎物。它们几乎睁不开的小眼睛，让它们看起来既可怕又神秘。

寄生雄性

强生氏鮟鱇鱼的繁殖方式和它们的外貌一样奇特。雄性鮟鱇鱼和雌性个体之间差异较大，雄性仅几厘米长，并且只为繁殖而生。为了生存，雄性必须找到一位雌性，然后紧紧咬住雌性，并吸附在它身上。之后，雄性开始产生变化，其器官如眼睛、鱼鳍等逐渐退化，最后只留下生殖器官，最终变成了只能依赖于雌性生存的寄生虫。雌性在繁殖期间，可以随意支配雄性。有的雌性身体上甚至吸附着几个雄性，从融合程度来看，它们的吸附时间不同。这便是自然界中形影不离的爱。

另见：37/ 飞鱼，
56/ 海马

强生氏鮟鱇鱼，其牙齿锋利，头上有发光的小灯笼。

螳螂虾 （最早的软甲亚纲已知有5.4亿年历史）
拳击手和叉鱼高手

它们看起来与世无争，但其实是非常厉害的海中猎手。

身份证 92

学名: Stomatopoda
类群: 泛节肢动物，软甲亚纲
生存年代: 最早的软甲亚纲已知有 5.4 亿年历史
尺寸: 可达 40 厘米
生存环境: 海生

虾蛄是一种漂亮的甲壳类动物，身体细长，颜色鲜艳。它们主要分布在热带和亚热带海域，栖息在潜水海域的洞穴或岩石裂缝中。它们看起来与世无争，但其实是非常厉害的海中猎手。虾蛄的前端长有两只掠肢，其速度十分惊人，且力量强大，是非常厉害的武器，可以攻击甲壳类动物或鱼。

它们中有的物种会用带刺的掠肢攻击猎物，和螳螂很像，因此虾蛄又被称为螳螂虾。它们的袭击非常迅速和残酷，需要消耗大量的能量。为此，虾蛄演化出了一套相应的身体构造，可以防止随意触发掠肢，尤其是在肌肉没有完全收缩的时候。而一旦肌肉准备好，武器便会重新加载并准备好随时发射。

强大的视觉

虾蛄目前有近 500 种，它们有一个非常复杂的视觉系统。虾蛄的两只眼睛由成千上万个独立视觉单元构成，这些单元彼此连接，组成接收椎体。该结构由不同类型的感光细胞组成，可以根据环境情况调整视觉光谱，甚至控制光的偏振。生活在复杂环境下的物种，为了适应相应环境，似乎有了更发达的多光谱视觉。虾蛄的眼睛有 360 度视野，并且可以确定景深，从而轻松地计算出它们与猎物之间的距离。

另见: **15/** 镜眼虫，
94/ 孔雀跳蛛

礁石上的彩色虾蛄。

儒艮 （最早的海牛目动物已知有4000万年历史）

美人鱼的歌声

儒艮是一种生活在水中的哺乳动物，可以活到 70 岁。

身份证 93

学名：Dugong dugon　　　　尺寸：最大可达 3 米
类群：脊椎动物，哺乳动物，海牛目　　生存环境：沿海
生存年代：最早的海牛目动物已知有 4000 万年历史

　　在海上迷失方向的希腊水手，将它们错认为美人鱼，于是便有了美人鱼的神秘传说。其实，儒艮是一种生活在水中的哺乳动物，可以活到 70 岁，属海牛目。它们是植食动物，以海底植物为食，有时也会吞下水母或其他软体动物。儒艮体形庞大，两侧长有圆形前鳍，尾部有一个大三角尾鳍。当它们在水下时，会将鼻孔关闭，浮到水面后再将鼻孔打开呼吸。

　　目前，儒艮有 4 个物种。它们是群体生活动物，每个群体的个体数量为几个到几十个。儒艮的主要自然栖息地——印度洋和太平洋沿海海域，不断退化，加上被渔网误捕和偷猎，儒艮极其相近物种面临着灭绝的危险。生活在白令海峡的大海牛（又称巨儒艮），就再也没有机会放声歌唱了。18 世纪末期，人类发现该物种后，在仅仅几年的时间内，就因人类大量捕杀而灭绝了。

吱吱声

儒艮会在浑浊水域生活一段时间，而且它们是夜间活跃动物。显然，这种生活方式有利于它们隐藏，但不利于它们的视觉交流。因此，它们会演化出发声的能力，并能够在同类间传递或获取声音信息。科学研究已经证明了这种通信系统的有效性：它们会发出嘘嘘声、吱吱声、尖叫声或吼声，每种声音都有特定的功能，比如吱吱声可能表示它们正在寻找食物。另外，它们还有一套十分出色的探测声音的听觉系统。

另见：57/ 一角鲸，
72/ 穿山甲

自然界中的儒艮（埃及马尔萨）。

孔雀跳蛛 （最早的螯肢动物已知有5.2亿年历史）
鲜艳夺目的雄蛛

雄性的孔雀跳蛛腹部具有五颜六色的装饰，十分华丽。

身份证 94

学名：Maratus volans
类群：泛节肢动物，螯肢动物，蛛形纲
生存年代：最早的螯肢动物已知有 5.2 亿年历史

尺寸：几毫米长
生存环境：陆生

蜘蛛是一种可怕又迷人的生物，它们会制造蛛丝，编织出令人惊叹的对称网。蛛丝具有多重特点，强度高且能够生物降解，这是 4 亿年的演化成果，并长期为人类工业应用提供灵感。

从解剖学的角度来看，蜘蛛的身体由前体（头部）和后体（腹部）组成，下面长着八只腿，有的蜘蛛身体长有绒毛。其嘴部附近有一对钩子，被称为螯肢，从中可以排出毒液攻击猎物。

孔雀跳蛛是澳大利亚特有的物种，只有几毫米长。它们属于跳跃蜘蛛，有 8 只大小不一的眼睛。雄性腹部具有五颜六色的装饰，如蓝色、红色、黄色和绿色，十分华丽。也因此，它们被称为孔雀跳蛛。不过雌性颜色比较平淡，多为米色或棕色。

八腿舞步

在繁殖的季节，雄性会炫耀它们鲜艳的色彩和丰富多彩的图案，它们会抬起一双腿，跳着真正的舞步，震动腹部，发出信号。这种交配前的表演还可以吓退对手。在最终达到目的前，整个向雌性献殷勤的过程，可持续十几分钟。雄蛛丰富多彩的颜色并不是简简单单的装饰，而是与性选择有关的演化结果。在演化过程中，具有魅力的雄性因其出色的颜色和舞蹈，能吸引到更多的雌性，因此它们的基因会传播得更多。雄性越是绚丽多姿，被选中的概率就越高。

另见： 17/ 美洲鲎，92/ 螳螂虾

雄性孔雀跳蛛和其多彩的腹部（澳大利亚）。

大壁虎 （最早的壁虎属动物已知有1.5亿年历史）

精彩绝伦的攀岩技巧

"断尾求生"说的就是壁虎，当被袭击时壁虎会将尾巴断开逃脱。

身份证 95

学名：Gekko gecko

类群：脊椎动物，有鳞目，壁虎目

生存年代：最早的壁虎属动物已知有 1.5 亿年历史

尺寸：可达 40 厘米

生存环境：陆生

壁虎是一种很常见的物种，它们一般躲在古老的石头下，或是悬挂在天花板上，在全球炎热地区几乎都可以发现它们的踪迹。在地中海盆地，壁虎被称为塔兰托或毛里塔尼亚塔兰托，经常出现在人类生活的区域。在意大利普利亚大区、法国南部，夜幕降临时，壁虎进入屋内，穿梭于墙上的情况，并不罕见。壁虎是一个多样化比较丰富的群体，大约有 1400 个物种，大多为夜行动物。壁虎的头扁平，有两只大眼睛，瞳孔为垂直状。它们的嘴巴很大，嘴角可延伸到眼睛后部，它们长长的舌头可以捕捉到远处的昆虫。

大壁虎，又称为蛤蚧或仙蟾，身上覆盖着一层美丽的灰蓝色鳞片，上面点缀着红色斑点。大壁虎有金色的球状眼睛，没有可移动的眼睑，眼睛通过舌头湿润和清洁。如果被袭击，它们会像其他蜥蜴一样，将尾巴断开，从而保护自身逃脱。而新的尾巴很快又会长出来，但只能长一部分。

微型黏合剂

壁虎可以在垂直墙面和天花板上爬行，是因为它们演化出了一种特殊的构造特征。其脚趾的接触面上长有许多衬垫，衬垫上有十分微小的刚毛，每根刚毛长 20 ～ 120 微米，厚 2 ～ 6 微米。刚毛顶端又分散着一些十分微型的结构，每平方厘米可容纳上百万个。这些刚毛产生的黏附力和静电力，使壁虎具有随意攀登的本领。目前，人们正在研究这种创新技术，并试图生产新一代的黏合剂。

另见：86/ 豹变色龙，**100/** 仓鸮

紧紧吸附在树枝上的大壁虎，正处于防御姿势（泰国）。

银鲛（4亿年）
身体拼图

这种神奇的鱼类生活在人迹罕至的深海，是鲨鱼和鳐鱼的远亲。

身份证 **96**

学名：Chimaeriforme
类群：脊椎动物，软骨鱼，全头类鱼
生存年代：已知 4 亿年

尺寸：可达 1.5 米
生存环境：海洋

和其他鱼类相比，银鲛的外形非同寻常。它们的身体好像是由来自不同生物的器官拼接而成，就如同希腊神话故事中的吐火怪物，狮子头加羊的身体，还拖着一条龙的尾巴。

银鲛属于软骨鱼，是鲨鱼和鳐鱼的远亲。今天，这种神奇的鱼类生活在各种海域的深海处。大部分的时候，它们的头比身子还大，头后面有三角形胸鳍，银鲛通过胸鳍的上下摆动而游动。银鲛大约有 30 个物种，其外貌形态多种多样。有的物种尾巴很细很长，因此又被称为老鼠鱼；而有的鼻子很长，有的鼻子却又扁又宽；还有的头前有突起，可以帮助它们挖掘海底，搜索食物，如软体动物、甲壳类等。此外，有的物种身体侧面有特殊线纹，里面含有压力传感器，即力学传感器，这种传感器能让银鲛在水下都可以听到声音。

隐藏的鱼叉

银鲛有好几个背鳍，第一背鳍是它们强大的防御武器。背鳍前端有棘刺，在背鳍展开后露出来，而且大部分银鲛的刺与毒腺相连。银鲛刺伤人类的事件比较罕见，因为它们生活在人迹罕至的深海。当然，捕鱼的时候，偶尔会有银鲛落网，渔夫将银鲛从网上取下来时，也可能被刺伤，不过这些事故通常不是很严重。而且，银鲛并不属于经济鱼类，不是渔夫的目标。不过，银鲛的天敌——海豹和海狮，被刺死的事件倒是出现过，它们的食道和胃部均被刺穿。

另见：21/ 旋齿鲨，
39/ 鳐鱼

正在海中游动的成年雄性米氏叶吻银鲛（又称大象鱼）。

蝙蝠 （5500万年）

第六感

蝙蝠吃水果、花蜜、昆虫，或食肉。当然吸血蝙蝠除外。

身份证 97

学名：Chiroptera
类群：脊椎动物，哺乳动物，翼手目
生存年代：已知 5500 万年

尺寸：可达 1.4 米
生存环境：陆生

　　在人们的想象中，蝙蝠占据着特殊的地位，它们常常与吸血鬼联系在一起。其实，这是一种多样性非常丰富的哺乳类动物，目前物种数量超过 1000 多种。在演化过程中，它们获得了飞行的能力。除了拇指，其他各指变得很长，各指间有翼膜连接，翼膜覆盖整个手臂并与体侧相连，上至颈部下至脚踝。

　　大部分蝙蝠为夜行动物，白天隐藏、休息、倒挂。它们吃水果、花蜜、昆虫，或食肉。当然，也有吸血的蝙蝠，例如生活在南美洲的圆头叶蝠，又被称为吸血蝠。它们会在晚上攻击猎物（通常是牲畜），用两颗锋利的门牙刺穿猎物的皮肤，然后吸食血液，每次大约 20 毫升。此外，还有喜欢吸食鸟类血液的毛腿吸血蝠。不过最近，科学家在巴西北部发现，这类蝙蝠开始吸食人血。这是一项前所未有的发现，目前人们正在对这类蝙蝠的行为变化和生理机制进行研究。

超声波回声定位之谜

蝙蝠拥有超声波回声定位系统，可以在夜间精准飞行。蝙蝠可以通过发出声波和接收回声之间的相差判断物体的距离，可以通过两耳接收回声的相差，确定物体的方向。通过这个系统，它们能获取猎物或障碍物的位置等信息，如可以精准判断出一只小型昆虫。有的蝙蝠为大型群居生活，如美国亚利桑那州的游离尾蝠。科学家首次发现这类物种会发出声音干扰家族内的竞争者，这种行为与强烈的食物竞争有关。

另见： 41/ 翼龙，
43/ 顾氏小盗龙，
100/ 仓鸮

边飞边喝水的"大鼠耳蝠"（德国）。

君主斑蝶 （鳞翅目动物已知有1.95亿年历史）

天然指南针

每年夏末，这些蝴蝶就开始了它们的长途迁徙之旅。

身份证 98

学名：Danaus plexippus
类群：泛节肢动物，昆虫，鳞翅目
生存年代：鳞翅目动物已知有 1.95 亿年历史
尺寸：翼展可达 12 厘米
生存环境：陆生

在所有蝴蝶中，君主斑蝶无疑是地球上最出名的迁徙蝴蝶。在墨西哥几处特定的地点，可以看到成群过冬的君主斑蝶，其数量可达上百万只！它们的翅膀为橙色，上面点缀着黑色的翅脉，翅膀边缘有白色的斑点。它们的身体为黑色，偶尔有白色斑点。君主斑蝶原产于美洲，现在其分布范围还包括澳大利亚、新西兰，甚至欧洲。

每年，这些蝴蝶会在夏末开始它们的长途之旅，从加拿大到美国加利福尼亚，再到墨西哥，到了春天再飞往北方。它们的迁徙需要好几代才能完成，一代蝴蝶完成从北往南迁徙，多代蝴蝶再完成从南往北迁回。能够完成如此壮举，是因为它们有两套互补的导航系统。首先，君主斑蝶能够根据太阳的位置确定方向。其次，在太阳被遮住时，它们还有一套基于磁倾角检测的地理定位系统，可以像磁罗盘一样运行。可以说，君主斑蝶是名副其实的天然指南针。

天生的迁徙者

最近，科学家对君主斑蝶和相近物种进行了深入基因分析，研究结果彻底颠覆了以往对君主斑蝶演化历史的认识。长期以来，人们认为君主斑蝶的祖先应该是定居蝴蝶，但这项研究推翻了这个认识，它们的祖先其实是迁徙者。研究人员对君主斑蝶和其他非迁徙蝴蝶物种进行对比，发现了基因差异。迁徙蝴蝶有一类基因相对隐性，因此可以提高肌肉的效率，使它们飞得更远。尽管君主斑蝶具有很强的适应能力，但随着墨西哥越冬地森林的破坏，它们的生存仍受到威胁。1996 年，有 10 亿只君主斑蝶飞往墨西哥过冬，而近年来这个数量已经降至 3500 万。

另见： 82/ 赫摩里奥普雷斯毛虫，85/ 七星瓢虫

11 月至 3 月在松树林中越冬的君主斑蝶。

眼镜猴 （灵长类动物已知有5500万年历史）

超级灵活的头部

眼镜猴拥有一项令人难以置信的能力，其头部可以转动 180 度。

身份证 99

学名: Tarsius
类群: 脊椎动物，哺乳动物，灵长类
生存年代: 灵长类动物已知有 5500 万年历史

尺寸: 不包括尾巴，可达 15 厘米长
生存环境: 陆生

眼镜猴是目前世界上最小的灵长类动物之一，只有 7 个物种。它们生活在东南亚，长着一双巨大的眼睛和长而蓬松的尾巴，极易辨认。眼镜猴在夜间或黄昏时非常活跃。它们后肢比前肢大很多，喜欢跳跃，跳跃高度可达 5 米，是它们的身体长度的 30 倍。眼镜猴是树栖动物，十分敏捷，善于爬树和在树枝间跳跃。和其他灵长类动物相比，眼镜猴的腿部十分独特：大腿、小腿和脚部大小一样。大部分眼镜猴的皮毛颜色为灰色，除此之外，也有棕色、黄色或橙色，同一物种内的眼镜猴，也会有不同颜色的毛发。它们还拥有一项令人难以置信的能力，其头部可以转动 180 度，因此，它们可以在身体不动的情况下观察四周环境。眼镜猴是纯食肉性动物，只吃肉，包括节肢动物、青蛙、鸟类和蛇。

菲律宾眼镜猴于 1997 年被列入保护物种，不过它们的保护情况并不容乐观。因为，它们已成为一个必看的旅游景点，但这类小型灵长类动物并不喜欢人类，在与人类接触过程中，它们变得极度压抑，甚至会因此而停止呼吸，然后死亡。

二重唱

要发现一个新灵长类物种并不容易。然而，2006 年，在印度尼西亚苏拉威西岛，两名研究人员发现了一种新的眼镜猴，他们使用岛上河流的名字为新物种命名，将其称为"拉利昂眼镜猴"。之所以被认为是全新的物种，是因为它们拥有不一样的骨骼和毛发（深灰色，眼睛周围有黑色边框，尾巴为黑色）。除此之外，我们还收获了另一个奇妙的惊喜：研究人员发现许多眼镜猴喜欢雌雄成对歌唱，它们甚至会改变音调，连续唱上 45 秒钟。

另见: 62/ 尼安德特人，87/ 川金丝猴

生活在热带雨林中的成年邦加眼镜猴（马来西亚沙巴婆罗洲岛）。

仓鸮（现存物种）

白娘子

仓鸮具有非凡的视觉，即使光线昏暗，也能看清猎物。

身份证 100

学名：Tyto alba

类群：脊椎动物，主龙类，鸟类

生存年代：现存物种

尺寸：翼展可达 1 米

生存环境：陆生

　　仓鸮，夜行猛禽，有时候也会生活在人类活动的区域，如屋顶、教堂钟楼或谷仓里。它们在洞中筑巢，在草地上狩猎。仓鸮辨识度比较高，头部和身体显得很大，面庞为白色，呈心形，眼睛又黑又圆。仓鸮有一对很大的翅膀，羽毛上覆盖绒毛，可以减少空气中的摩擦，因此它们飞行时非常的安静。仓鸮腿上长有强有力的爪子，常捕捉的猎物有：啮齿动物、蝙蝠、鼹鼠、兔子、鸟类或两栖动物。

　　仓鸮演化出了一种非常高效的夜行生活模式，它们具有非凡的视觉，即使在光线十分昏暗的情况下，也能看清猎物。此外，它们还拥有非常厉害的听觉系统，能检测到十分微弱的声音。心形面庞可以充当声音信号接收天线，而不对称的耳朵则可以让它们听到的声音更立体。

　　仓鸮广泛分布于世界各地，不过，它们现在面临的危险是，由于较低的飞行高度，导致它们和汽车发生碰撞的事故时有发生。

有意义的食丸

仓鸮成为博物学家探索演化奥秘的过程中，意想不到的合作伙伴。仓鸮进食时，会吞下整个猎物，然后将不能消化的骨骼和毛发等集成几厘米长的块状，再通过口腔吐出来。这些小团被称为"食丸"。博物学家通过收集到的食丸，可以详细分析出特定地区物种的多样性。"食丸"分析法比科学家设置诱捕陷阱更有意义，尤其是在许多物种受到保护的今天。在瓦努阿图群岛（原名"新赫布里底"，位于夏威夷和澳大利亚之间的南太平洋），博物学家通过分析收集的食丸，发现当地仓鸮主要以壁虎为猎物的进食习惯。

另见：95/ 大壁虎，
97/ 蝙蝠

栖息在雪树枝头上的仓鸮。

长颈羚 （现存物种）

羚羊中的"长颈鹿"

长颈羚因其长脖子而得名，除了脖子，它们的腿也很长。

身份证 101

学名： Litocranius walleri
类群： 脊椎动物，哺乳动物，反刍类
生存年代： 现存物种

尺寸： 可达 1.6 米
生存环境： 陆生

长颈羚，又称沃勒瞪羚，因其长脖子而得名，是羚羊中的"长颈鹿"。它们头小，眼睛大，耳朵又大又长，看起来十分神秘。雄性长颈羚有角，最长可达 40 厘米，形状弯曲，呈 S 形。

长颈羚生活在东非，喜欢灌木环境。除了细长的脖子，它们的腿也很长，因此整体看起来十分纤细。它们喜欢吃金合欢树叶，这种树比一般动物高，而长颈羚可以将后腿平稳地蹬在地上，前腿搭在树上，吃到较高的树叶。它们主要靠食物来满足身体对水分的需求，而不是靠饮水，因此能适应干旱环境。它们主要的天敌是狮子、豺狗、猎豹和老鹰。为了抵御捕食者，它们演化出令人惊讶的策略：即使在危险接近时，依然保持完全静止不动。这便是长颈羚神奇的自我控制策略！

伟大发现

中国澄江化石群具有 5.3 亿年历史，2012 年被列入《世界遗产名录》。在这里，科学家发现了物种多样性起源的重要信息。科学家在这里发现了海口鱼化石，海口鱼有几厘米长，内骨骼上有软骨构成的细小结构，这些结构便是脊椎骨的雏形。海口鱼可能是地球上最古老的脊椎动物！它们见证了脊椎动物演化史上革命性的一刻。这些脊椎骨的出现，意味着一个伟大演化成功的开始，宣布了脊椎动物世界的到来。之后，脊椎支撑演化出各种各样不同的形式，在长颈羚等物种身上，达到惊人的程度。

另见：35/ 长颈龙，
46/ 腕龙

自然界中的雌性长颈羚（肯尼亚桑布鲁国家自然保护区）。

亲属关系图
及地质年代表

这部分包含有助于阅读此书的附件：详细的亲属关系图和简化的地质年代表。通过这些信息，可以确定生物多样性发展过程中的主要危机。引言部分的亲属关系图（见第 12 页）涉及到本书 101 个物种所有的类群。附录部分将从中选取几个类群进行详细介绍，包括脊椎动物、泛节肢动物、软体动物和常绿植物。在这些详细亲属关系图中，直接相连的物种是近亲物种，并拥有一个共同的祖先，如儒艮所属的海牛目和真猛犸象所属的长鼻目。

脊椎动物亲属关系图

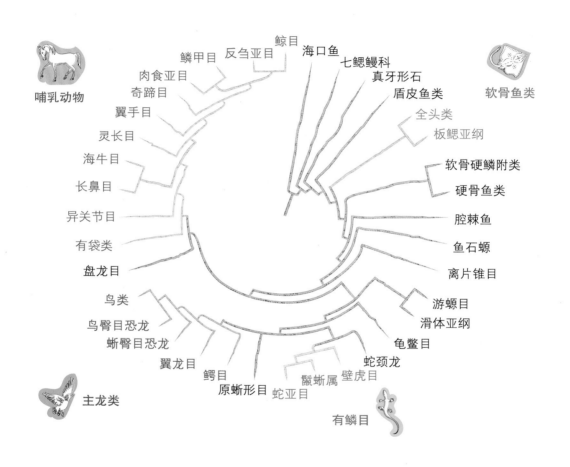

附件 1：脊椎动物详细亲属关系图，主要类群用不同颜色标注：哺乳动物为蓝色，主龙类为紫色，有鳞目为绿色，软骨鱼类为红色，其他类群为黑色。

泛节肢动物亲属关系图

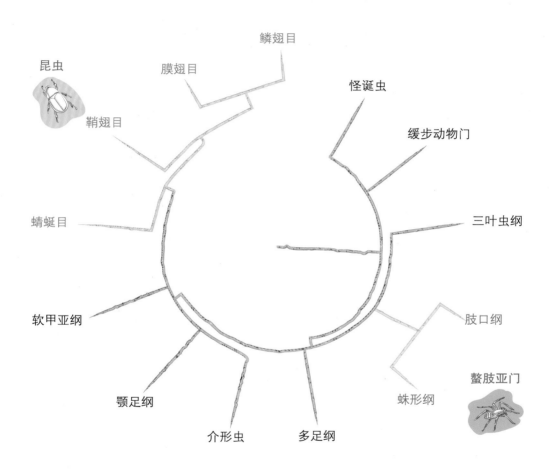

附件 2： 泛节肢动物详细亲属关系图，主要类群用不同颜色标注：昆虫为红色，螯肢亚门为绿色，其他类群为黑色。

软体动物亲属关系图

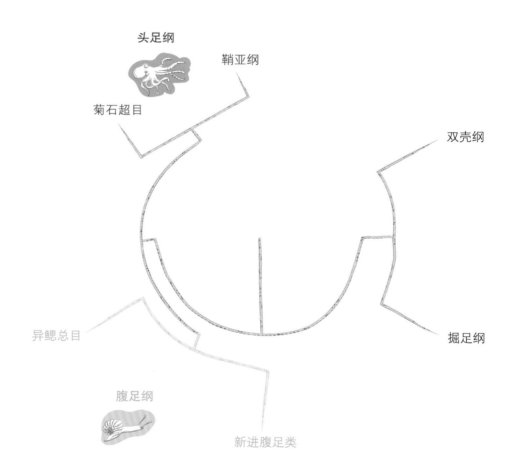

头足纲

鞘亚纲

菊石超目

双壳纲

异鳃总目

掘足纲

腹足纲

新进腹足类

附件 3: 软体动物详细亲属关系图,主要类群用不同颜色标注:头足纲为紫色,腹足纲为橙色,其他类群为黑色。

常绿植物亲属关系图

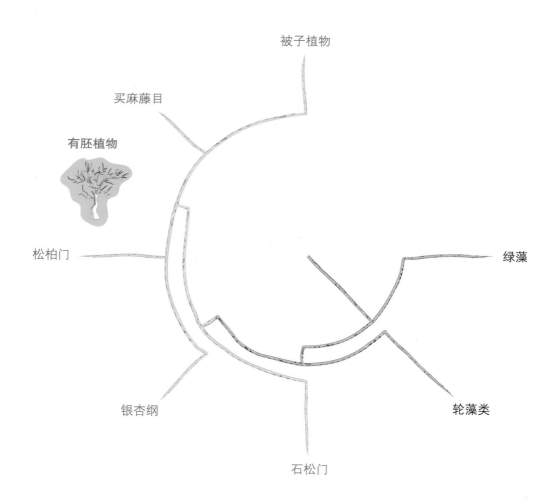

被子植物

买麻藤目

有胚植物

松柏门

绿藻

银杏纲

轮藻类

石松门

附件 4： 常绿植物详细亲属关系图，有胚植物为绿色，其他类群为黑色。

地质年代表

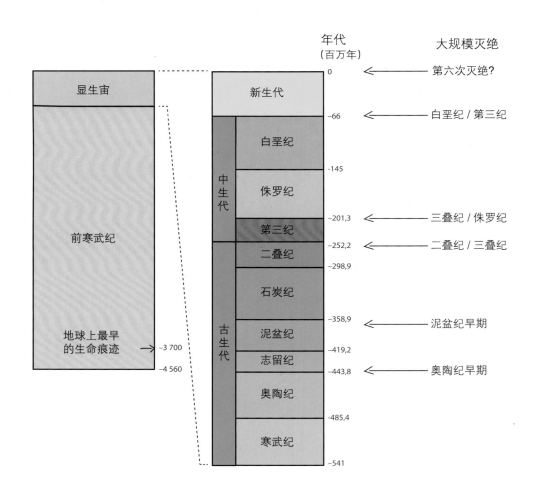

年代
(百万年)

大规模灭绝

显生宙	新生代	← 第六次灭绝? (0)
	白垩纪	← 白垩纪 / 第三纪 (−66)
中生代	侏罗纪	(−145)
	第三纪	← 三叠纪 / 侏罗纪 (−201,3)
	二叠纪	← 二叠纪 / 三叠纪 (−252,2)
	石炭纪	(−298,9)
古生代	泥盆纪	← 泥盆纪早期 (−358,9)
	志留纪	(−419,2)
	奥陶纪	← 奥陶纪早期 (−443,8)
	寒武纪	(−485,4)
前寒武纪		(−541)
地球上最早的生命痕迹 → −3 700		
−4 560		

附件 5： 各地质年代主要大规模灭绝事件（用箭头表示）。

专业用语汇编

适应
生物身体结构和相应功能之间的关系。

文石
一种碳酸钙 CaCO3 矿物质，是碳酸钙在高温高压下稳定的结晶形式。

树栖
以树上生活为主的生活方式。

亲属关系树
介绍物种亲缘关系的树形图。

天体生物学
研究促进生命产生的因素和过程。

伪造化石
化石过程中，因为非自然因素导致错误地将矿物结构判断为化石的一部分。

选择优势
个体身上具有的遗传特征，具有该特征的个体能够更好地生存，且繁殖能力更强。

化能合成细菌
细胞生长所需要的能源不来自阳光。

多样性
地球上生命的多样性。

生物发光
活体生物通过化学反应，将化学能源转为光能，从而产生和发射光源。

生物量
所有生命形式、食物来源和能量来源。

生物矿化
生物体产生矿物质的过程。

基因重组
某个类群中延续几代的基因重组。

方解石
一种碳酸钙 CaCO3 矿物质，是碳酸钙在一定环境条件下稳定的结晶形式。

寒武纪
古生代六个地质时期中最早、最古老的一个时期（5.41亿年至 4.854 亿年前）。

石炭纪
古生代六个地质时期中第五个时期（3.589 亿年至 2.989亿年前）。

类胡萝卜素
许多生物体身上发现的橙色和黄色色素。

环境变化
环境条件的改变，这个概念经常用来指目前由于人类活动造成的环境改变。

叶绿体
存在于植物和藻类细胞中，使植物细胞具有捕捉阳光并能进行光合作用的能力。

脊索
脊索动物特有的结构，呈杆状，具有刚性和柔性，位于神经管和消化道之间的体内背侧。

胶原
动物的蛋白质，常为纤维状，赋予组织结构抗拉伸的机械强度。

趋同演化
演化机制导致受到相同环境约束的不同物种表现出相似的形态、行为等，这些相似之处不代表它们具有亲缘关系。

白垩纪
中生代三个时期中最后一个时期（1.45 亿年至 6600 万年前）。

CT 扫描
X 射线医疗成像技术，通过计算机处理，可以生成解剖结构的 2D 或 3D 图像。

蓝藻
细菌群落，大部分呈藻丝状。

泥盆纪
古生代六个时期中的第四个（4.192 亿年至 3.589 亿年前）。

性别二态性
同一物种内雌性和雄性所有形态上的不同点。

遗传多样性
同一物种内的各种基因。

驯化
通过长时间相互作用或主动选择，某个植物或动物物种在与人类接触过程中获取和改变的遗传特征和遗传行为。

生态系统
由某物种群体和相应环境构成。

鞘翅
某些昆虫具有的部分或全部硬化的前翅，可在其休息时保护后翅。

特有物种
一个特定地理范围内特有的物种。

酶
具有活体细胞化学反应催化作用的蛋白质，有酶的催化效果比没有酶的效果快数百万倍。

隐蔽物种
在繁殖上相互隔离，但在形态上难以区分的不同物种。

大规模灭绝
地质年代相对较短的周期内（最多几百万年）大量物种灭绝。古生物学家在过去 5.4 亿年内，列出了五次大规模灭绝事件。目前可能正经历第六次生物多样性灭绝。

嗜极生物
能在极端环境下生存的生物，这些极端条件对大多数其他生物是致命的，如温度高于 100℃或低于 0℃、强大的压力、重盐环境或异常酸性的环境。

化石
地质时期生活留下来的遗体痕迹或活动痕迹（移动或捕食等）。

化石作用
死体有机物全部或部分转化为矿物的全部过程，并最终形成化石。

配子
有性生殖特有的细胞，一个群体内，有可能所有个体拥有相同的配子，有可能具有雄配子和雌配子之分。

群生
类群个体以群居为主要生活方式。

血淋巴
节肢动物体内的流动液体，其作用类似于脊椎动物的血液。

发育异时性
生物体或生物体某个结构相对于祖先出现的发育速度和周期的变化。

杂交
动物学上，指两个不同物种的交配，其后代几乎没有生育能力。植物学上，指相同植物不同品种（种内杂交）或不同植物（种间杂交）之间的交叉。

高盐度
高盐环境（如美国犹他州大盐湖）。

磁倾角
地球磁场的特性随纬度变化而变化，并对应地球磁场与水平方向的角度。

侏罗纪
中生代三个时期中的第二个（2.013 亿年至 1.45 亿年前）。

代谢
生物维持生命、繁殖和发育所需的所有化学反应。

中生代
显生宙三个时代中的第二个。

食腐
以尸体为食的生物。

新石器时代
史前时期，以农牧业发展和人类定居生活为标志。

神经毒素
作用于神经系统的毒素，可以阻断或改变神经系统的活动。

转基因
人类对生物的基因遗传进行人为干预和改变。

奥陶纪
古生代六个时期中的第二个（4.854 亿年至 4.438 亿年前）。

古生代
显生宙三个时代中的最古老的时代。

寄生
两个生物之间的一种生物关系，其中一种（宿主）为另一种（寄生虫）提供营养、居住场所和繁殖条件。

二叠纪
古生代地质时期六个阶段中的最后一个（2.989 亿年至 2.522 亿年前）。

咽部
呼吸道和消化道之间的通道。

表型
某个个体一系列可观察到的特征，如解剖结构的形状和构造。

光合作用
植物、藻类和某些细菌利用阳光合成有机物的过程。

浮游植物
水中浮游的微小植物。

多细胞生物
由多种细胞组成的生物，其细胞可以形成不同组织和器官。

活化石
气候或环境变化，导致物种大规模消失，最后残留在某个隔绝范围的现存物种。

骨架
维持生物体形状的结构，有内骨骼（如人类）和外骨骼（如软体动物的贝壳）。

基质
个体栖息的基地。

共生
两个不同物种之间长久的互利关系。

生物分类学
描述生命，对生命进行分类（如物种）、识别和命名的科学过程。

三叠纪
中生代三个时期中最古老的时期（2.522 亿年至 2.013 亿年前）。

被囊素
围绕着被囊动物身上的胶状物质，可以形成包裹物，称为"囊袋"。

单细胞生物
由单个细胞组成的有机体，如细菌或古菌。

世界自然保护联盟（IUCN）
致力于保护自然的重要非政府组织，对生物的保护等级进行分类，并建立了濒临物种红色清单。

地理隔绝
由于地理环境或海洋通道的分离，导致拥有同一个祖先的物种分离为若干个不同物种。

浮游动物
水中浮游的植食或食肉性物种。

知识拓展

演化论书籍

BENTON M. J. (2005), Vertebrate palaeontology, Blackwell.
《古脊椎动物学》

BOEUF G. (2014), La biodiversité, de l'océan à la cité, Fayard.
《生物多样性——从海洋到城市》

DE WEVER P., BUONCRISTIANI, J.-F. (2017), Le Beau Livre de la Terre, Dunod.
《地球之美》

DE WEVER P., DAVID, B. (2015), La Biodiversité de crise en crise, Albin Michel.
《生物多样性——从危机走向危机》

GERALD M. C. (2015), Le beau livre de la biologie, Dunod.
《生物之美》

GOULD S. J. (2004), La vie est belle : Les surprises de l'évolution, Seuil.
《生活是美好的：演化带来的惊喜》

GOUYON P.-H., ARNOULD J., HENRY J.-P. (2014),
Les avatars du gène. La théorie néodarwinienne de l'évolution: La théorie néodarwinienne de l'évolution, Belin.
《基因的化身——达尔文演化理论》

LECOINTRE G. sous la direction de (2009), Guide critique de l'évolution, Belin.
《演化批评指南》

LECOINTRE G., LE GUYADER H. (2001), Classifcation phylogénétique du vivant, 3e édition, Belin.
《生物系统发育分类》

MAYR E. (2006), Après Darwin : La biologie, une science pas comme les autres, Dunod.
《达尔文之后：生物学，与众不同的学科》

NEIGE P. (2015), Les événements d'augmentation de la biodiversité, ISTE Editions.
《生物多样性增长事件》

RICHARD D., NATTIER R., RICHARD G, SOUBAYA T. (2014), Atlas de phylogénie, Dunod.
《发育地图册》

STEYER S. (2009), La Terre avant les dinosaures, Belin.
《恐龙时代之前的地球》

参考网站

世界自然保护联盟 International Union for Conservation of Nature
http://uicn.fr/liste-rouge-mondiale/

两个不断更新的网站，以亲属关系图的形式介绍世界上的生物多样性

生命树 Tree of life web project
http://tolweb.org/tree/

生命地图 Lifemap
http://lifemap.univ-lyon1.fr/

三个梳理当前和化石生物多样性的网站：

e-ReColNat
https://www.recolnat.org/

古生物数据库 Palebiology Database
https://paleobiodb.org/#/

生命目录 Catalogue of life
http://www.catalogueoflife.org

三大自然历史博物馆网站：

位于纽约的美国自然历史博物馆
American Museum of Natural History de New York:http://www.amnh.org/

位于伦敦的英国自然历史博物馆
Natural History Museum de Londres:http://www.nhm.ac.uk/

美国国立自然历史博物馆
Museum National d'Histoire Naturelle:https://www.mnhn.fr/

索引

图片版权

图书在版编目（CIP）数据

生命之美 / (法) 让-弗朗索瓦·布翁克里斯蒂亚尼，
(法) 帕斯卡尔·耐吉著；陈明浩译. -- 北京：北京联
合出版公司, 2018.10 (2019.12重印)
　ISBN 978-7-5596-2473-4

　Ⅰ. ①生... Ⅱ. ①让... ②帕... ③陈... Ⅲ. ①生命科
学—普及读物 Ⅳ. ①Q1-0

　中国版本图书馆CIP数据核字(2018)第212097号
　著作权合同登记 图字: 01-2018-5144号

Originally published in France as:
101 merveilles de l'évolution qu'il faut avoir vues dans sa vie
By Jean-François BUONCRISTIANI and Pascal NEIGE
© Dunod, Malakoff, 2017
Simplified Chinese language translation rights arranged through Divas International,
Paris 巴黎迪法国际版权代理 (www.divas-books.com)
中文简体字版 © 2018 北京紫图图书有限公司
版权所有 违者必究

生命之美

著　者	[法]让-弗朗索瓦·布翁克里斯蒂亚尼	项目策划	紫图图书 ZITO®
	[法]帕斯卡尔·耐吉	监　制	黄利　万夏
译　者	陈明浩	特约编辑	刘长娥
责任编辑	管　文	营销支持	曹莉丽
审　订	邢立达	装帧设计	紫图装帧

北京联合出版公司出版
（北京市西城区德外大街 83 号楼 9 层　100088）
艺堂印刷（天津）有限公司印刷　新华书店经销
字数160千字　889毫米×1194毫米　1/16　15.25印张
2018年10月第1版　2019年12月第2次印刷
ISBN 978-7-5596-2473-4
定价: 159.00元